科学第一视野
KEXUEDIYISHIYE

[权威版]

纤维

XIANWEI

中国出版集团
现代出版社

图书在版编目（CIP）数据

纤维 / 杨华编著 . — 北京 : 现代出版社 , 2013.1（2024.12重印）
（科学第一视野）
ISBN 978-7-5143-1017-7

Ⅰ . ①纤… Ⅱ . ①杨… Ⅲ . ①纤维 – 青年读物②纤维
– 少年读物 Ⅳ . ① TS102-49

中国版本图书馆 CIP 数据核字 (2012) 第 292932 号

纤　维

编　著　杨 华
责任编辑　刘春荣
出版发行　现代出版社
地　址　北京市朝阳区安外安华里 504 号
邮政编码　100011
电　话　010-64267325　010-64245264（兼传真）
网　址　www. xdcbs. com
电子信箱　xiandai@ cnpitc. com. cn
印　刷　唐山富达印务有限公司
开　本　710mm×1000mm　1/16
印　张　10
版　次　2014 年 12 月第 1 版　2024 年 12 月第 4 次印刷
书　号　ISBN 978-7-5143-1017-7
定　价　57.00元

前言

　　纤维的历史非常久远，有据可查的最早的人类对纤维的利用可追溯到 8 000 年以前古埃及对麻类纤维的应用。在我国，大约 7 000 年前已经用葛纤维织布制衣。到宋代时，纺织业已经将棉花用作原料了。明清时，纺织业已经能够生产出各种各样的生活纺织用品。这些纺织用品，一部分供应国内，另一部分通过"丝绸之路"供应国外。

　　随着科技的发展，纺织业迎来了一个又一个春天，新型纤维和工艺不断涌现，19 世纪末诞生了再生纤维素纤维；黏胶纤维实现工业化。在 20 世纪初期，生物技术的应用使改性羊毛、有色棉花已到实用阶段。20 世纪 20 年代人工合成的锦纶纤维问世，1938 年美国杜邦公司投入生产，开始了合成纤维发展的历史。1934 年另一重大的纤维——涤纶纤维成功问世，到 20 世纪 40 年代末产业化。在 20 世纪 40 年代，腈纶纤维也面世，50 年代产业化。三大品种合成纤维的产业化，使合成纤维在市场的占有份额急速上升。20 世纪 60 年代后，合成纤维的仿真技术有了长足的进步，一系列的具有高功能、高性能的高科技纤维相继问世。现代纤维材料已不仅用以满足人们服饰的需要，而且可以满足社会发展中各产业对纤维材料高功能和高性能的要求。如今，纤维的应用领域已经跨越了服饰、生活用品、工程材料、生命科学、航空航天等多个领域，呈现出欣欣向荣

的发展景象。

　　本书介绍了各种功能和形态各异的纤维（天然纤维、化学纤维、绿色纤维和高科技纤维），向您呈现了一个多彩的纤维世界。在了解了各种纤维的形态、特征、性能及应用等方面知识外，还能使您领略到独属于纤维的无限美感和无穷魅力。

Contents
目录 >>

第一章 天然纤维

植物纤维.. 2
动物纤维.. 14
矿物纤维.. 29

第二章 化学纤维

合成纤维.. 38
无机纤维.. 50
再生纤维.. 60

第三章 高科技纤维

差别化纤维.. 76
功能化纤维.. 91
高感性纤维.. 101
医学功能纤维.. 108
智能化纤维.. 127

第四章 纤维艺术

材料来源..136

工艺技法..140

纤维工艺品..143

第一章

天然纤维

天然纤维是指自然界生长和存在的可用于纺织或用作增强材料的一类纤维。根据其来源，天然纤维可粗略分为植物纤维、动物纤维和矿物纤维。天然纤维来自于大自然的孕育，有着十分悠久的利用历史，是人类最早使用的纤维，在纤维家族中资格最老，据考证，天然纤维的利用可追溯到 8 000 年以前古埃及对麻类纤维的应用。在 7 000 年前的新石器时代，我国已用葛纤维织布制衣，到明清时期纺织技术已经发展得很成熟，先进的纺织作坊已能生产各种用途的纺织品。

植物纤维

　　植物纤维是广泛分布在种子植物中的一种厚壁组织。它的主要组成物质是纤维素，又称为天然纤维素纤维，是由植物上种子、果实、茎、叶等处获得的纤维。根据在植物上成长的部位的不同，可分为种子纤维、叶纤维和韧皮纤维。

种子纤维 〉〉〉

　　种子纤维是从植物种子表面得到的纤维，它包括棉、木棉等。

　　棉纤维是最重要的种子纤维，是锦葵科棉属植物的种子上被覆的纤维，又称棉花。棉花大多是一年生植物，喜温好光。一般来讲，在我国，棉花约在四五月间开始播种，播种后一两个星期就发芽，以后继续生长，发育很快，最后长成棉株。棉株上的花蕾约在七八月间陆续开花，开花期可延续一个月以上。花朵受精后萎谢，花瓣脱落，开始结果，结的果称为棉铃或棉桃。棉铃由小到大，45～65天成熟，这期间棉桃外壳变硬，裂开后吐絮。棉桃一般有4个棉瓣，每瓣常有7～9粒棉籽。吐絮后

棉 花

就可收摘籽棉了。根据收摘期的早晚，有早期棉、中期棉和晚期棉之分。中期棉长度较长、成熟正常，质量最好；早期棉、晚期棉质量较差。

棉纤维是由种子胚珠（发育成熟后即为棉籽，未受精者成为不孕籽）的表皮细胞隆起、延伸发育而成的单细胞纤维。棉纤维是与棉铃、种子胚珠同时生长的。它的一端着生在棉籽表面，一个细胞长成一根纤维。棉籽上长满了纤维，有长有短，每根棉纤维都是一个单细胞。棉花是锦葵科棉属植物的种子上被覆的纤维，是纺织工业的重要原料。棉纤维制品吸湿和透气性好，柔软而保暖。

棉纤维是我国纺织工业的主要原料，它在纺织纤维中占据很重要的地位。我国是世界上的主要产棉国之一，我国棉花种植几乎遍布全国，其中以黄河流域和长江流域为主，再加上西北内陆、辽河流域和华南共五大棉区。

棉花种类很多，主要按两种方法分类：按棉花的品种和棉花的初加工。

按品种，棉花可分为细绒棉、长绒棉和粗绒棉。

细绒棉又称陆地棉，纤维较细。一般长度为25～35毫米。细绒棉占世界棉纤维总产量的85%，我国种植的棉花大多为细绒棉。

长绒棉又称海岛棉，纤维细而长，一般长度在33毫米以上，品质优良，主要用于编制细于

图与文

"彩棉"是利用现代生物工程技术选育出的一种吐絮时棉纤维就具有绿、棕等天然彩色的特殊类型棉花，按现有品种、基本色调和饱和度分为棕色、浅棕色、绿色、浅绿色及其他颜色等类型。彩色细绒棉的长度较短，强度稍低，其织物色泽自然、质地柔软、永不褪色、穿着舒适。用这种棉花织成的布不需染色、无化学染料毒素，质地柔软而富有弹性，有利于人体健康。因不需要染色，所以可大大降低纺织成本，防止了普通棉织品对环境的污染。

10tex（线密度的单位）的优等棉纱。我国种植较少，除新疆长绒棉以外，进口的主要有埃及棉、苏丹棉等。

长绒棉又可分为中长绒棉和特长绒棉。中长绒棉是指长度在 33 ~ 35 毫米的长绒棉，可用于纺制 7.5 ~ 10tex 的精梳纱线。特长绒棉是指纤维长度在 35 毫米以上的长绒棉，通常用于纺制 4 ~ 7.5tex 的高档精梳纱线。

粗绒棉是纤维较粗长度较短的棉花种类。因长度短、纤维粗硬，使用价值和单位产量较低，我国已很少种植。

按初加工方法不同，棉花可分为锯齿棉和皮辊棉。

锯齿棉是采用锯齿轧棉机加工得到的皮棉。锯齿棉含杂、含短绒少，纤维长度较整齐，产量高。但纤维长度偏短，轧工疵点多。细绒棉大都采用锯齿轧棉。皮辊棉是采用皮辊棉机加工得到的皮棉。皮辊棉含杂、含短绒多，纤维长度整齐度差，产量低。但纤维长度操作小，

锯齿棉

轧工疵点少，但有黄根。皮轧棉适宜长绒棉、低级棉等。

在显微镜下观察可发现，棉纤维纵向呈扁平的转曲带状，封闭的一端尖细，生长在棉籽上的一端较粗且敞口。棉纤维的横断面由许多同心层组成，主要有初生层、次生层、中腔 3 个部分。

初生层是棉纤维的外层，即纤维细胞的初生部分。初生层的外皮是一层蜡质与果胶，表面有深深的细丝状皱纹。初生层很薄，纤维素含量不多。纤维素在初生层中呈螺旋形网络状结构。

棉纤维的初生层下面是一薄层次生细胞，由微原纤紧密堆砌而成。微

原纤与纤维轴呈螺旋状排列，倾斜角在25°～30°。在这一层中，几乎没有缝隙和孔洞。次生层是棉纤维在加厚期淀积形成的部分，几乎都是纤维素。由于每日温差的原因，大多数棉纤维逐日淀积一层纤维素，故可形成棉纤维的日轮。纤维素在次生层中的淀积并不均匀，但均以束状小纤维的形态与纤维轴倾斜呈螺旋形，并沿纤维长度方向形成转向，这是棉纤维具有天然转曲的原因。次生层的发育情况取决于棉纤维的生长条件、成熟情况，它能决定棉纤维主要的物理性质。

中腔是棉纤维生长停止后，胞壁内遗留下来的空隙。同一品种的棉纤维，中段初生细胞周长大致相等。当次生胞壁厚时，中腔就小；次生壁薄时，中腔就大。当棉铃成熟而裂开时，棉纤维截面呈圆形，中腔亦成圆形，中腔截面相当于纤维截面积的1/2或1/3。当棉铃自然裂开后，由于棉纤维内水分蒸发，纤维胞壁干涸，棉纤维截面就呈腰圆形，中腔截面也随之压扁，压扁后的中腔截面仅为纤维总面料的10%左右。

棉纤维的性质和作用主要由棉纤维的长度、线密度、成熟度、强度、弹性、吸湿性以及耐酸碱性等因素所决定。

棉纤维长度是指纤维伸直时两端间的距离，是棉纤维的重要物理性质之一。棉纤维的长度主要由棉花品种、生长条件、初加工等因素决定。棉纤维长度与成纱质量和纺纱工艺关系密切。棉纤维长度长，整齐度好，短绒少，则成纱强力高，条干均匀，纱线表面光洁，毛羽少。

棉纤维的长度是不均匀的，一般用主体长度、品质长度、均匀度、短绒率等指标来表示棉纤维的长度及分布。主体长度是指棉纤维中含量最多的纤维的长度。品质长度是指比主体长度长的那部分纤维的平均长度。短绒率是指长度短于某一长度界限的纤维重量占纤维总量的百分率。一般当短绒率超过15%时，成纱强力和条干会明显变差。

棉纤维的线密度是指纤维的粗细程度，是棉纤维的重要品质指标之一，它与棉纤维的成熟程度、强力大小密切相关。棉纤维线密度还是决定纺纱特数与成纱品质的主要因素之一，并与织物手感、光泽等有关。纤维较细，则成纱强力高，纱线条干好，可纺较细的纱。

棉纤维的成熟度是指纤维细胞壁的加厚程度，即棉纤维生长成熟的程度，它与纤维的各项物理性能密切相关。正常成熟的棉纤维，截面粗、强度高、转曲多、弹性好、有丝光、纤维间抱合力大、成纱强力也高。所以，通常将成熟度看作是棉纤维内在质量的一个综合性指标。

棉纤维的强度是纤维具有纺纱性能和使用价值的必要条件之一，纤维强度高，则成纱强度也高。棉纤维的强度常采用断裂强力和断裂长度表示。细绒棉的强力为 35 ~ 45cN（厘牛顿），断裂长度为 21 ~ 25km；长绒棉的强力为 4 ~ 6cN，断裂长度为 30km。由于单根棉纤维的强力差异较大，所以一般测定棉束纤维强力，然后再换算成单纤维的强度指标。

棉纤维是多孔性物质，且其纤维素大分子上存在许多亲水性基因，所以其吸湿性较好，一般大气条件下，棉纤维的回潮率可达 8.5% 左右。

■图与文

府绸是棉布的主要品种，是由棉、涤、毛、锦或混纺纱织成的平纹细密织物。其质地细而富有光泽，布身柔软爽滑，穿着挺括舒适，用平纹组织织成。

棉纤维耐无机酸能力弱，对碱的抵抗能力较大。棉纤维在纺织业的主要功用是制成纱棉型织物和纯棉织物。棉纤维经纺纱工艺加工就成为棉纱。纱棉型织物是以棉纱或棉与棉型化纤混纺纱线织成的织品。它具有吸湿性强，缩水率较大；耐碱不耐酸，耐光性、耐热性一般等特点。

纯棉织物由纯棉纱线织成，织物品种繁多，花色各异，有原色棉布、府绸、毛蓝布、印染、漂白布等品种。

叶纤维 〉〉〉

剑 麻

叶纤维是从草本单子叶植物叶上获得的维管束纤维，它包括剑麻、蕉麻等。

剑麻属于热带作物，主要产在巴西、坦桑尼亚、安哥拉、肯尼亚、莫桑比克、哥伦比亚、海地等国。剑麻原产于墨西哥。墨西哥自古就利用麻纤维作为编织原料。剑麻是多年生草本植物，一般种植后 2 年左右，叶片长达 80 ~ 100 厘米，生叶 80 ~ 100 片时便可开割。叶片收割后须及时刮麻取得纤维。

剑麻纤维有两种，一种位于叶片边缘，具有增强叶片作用，称强化纤维束；另一种位于叶片中部，形成一条带，称为带状纤维束。构成纤维束的细胞纵面呈梳状，梢部钝厚，呈尖形或叉形，其横切面呈多角形，中空，胞壁厚，胞腔小而呈圆或卵圆形。纤维细胞粘连，排列紧密，细胞长约 1.5 ~ 4 毫米，宽约 20 ~ 30 微米。一般每一个强化纤维束截面由 100 多个纤维细胞组成。带状纤维束的纤维细胞数目较少，一个成熟的麻叶片约含 1 000 ~ 1 200 个纤维束。剑麻纤维耐碱不耐酸，遇酸易被水解而强度降低，在 10% 的碱液中纤维不受损坏。

剑麻纤维洁白而富有光泽，纤维长，强度高，在水湿情况下强度更高（约增强

■图与文

剑麻纤维主要从叶鞘中获取纤维，是当今世界用量最大、范围最广的一种硬质纤维。具有洁白、质地坚韧（拉力强）、富于弹性、耐海水浸、耐摩擦、不易碎断、且胶质少，不易打滑等特性。

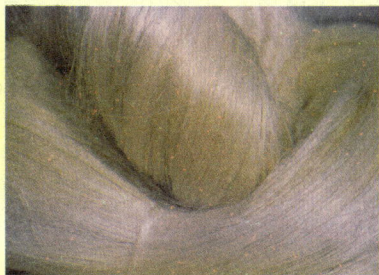

7

蕉 麻

10%～15%），伸长性小，耐磨，耐海水浸泡，耐低温和抗腐。剑麻纤维应用广泛，可制舰艇和渔船的绳缆、绳网、帆布、防水布、钢索绳芯、传送带、防护网等，可编织麻袋、地毯等，并可与塑料压制硬板作为建筑材料。

蕉麻是多年生草本宿根植物，形似香蕉，但略瘦小，叶略小而狭，果也略小。原产于菲律宾群岛，又称菲律宾麻草。

蕉麻纤维呈乳黄色或淡黄白色，有光泽，麻束长度达150～250厘米。蕉麻纤维粗硬，坚韧异常，为硬质纤维麻类中强度最大者，断裂伸长率约2%～4%。蕉麻纤维耐水性很强，加之强度高，适宜制

图与文

蕉麻由于强度大、柔软、有浮力和抗海水侵蚀性好，主要被用作船用的绳缆、钓鱼线、吊车绳索和渔网。此外，还有些蕉麻可用来制地毯、桌垫和纸。内层纤维可不经纺线而制作出耐穿的细布。

作船舶绳索、矿用绳缆，还可编织帽子、包装用布等。由于合成纤维大量应用，蕉麻纤维和剑麻纤维一样有逐渐被取代的趋势。

韧皮纤维 〉〉〉

　　韧皮纤维是植物茎部的韧皮中取得的纤维，亦称茎纤维。韧皮纤维包括苎麻、亚麻、大麻、黄麻等。

■ 亚麻纤维

　　亚麻纤维是亚麻科亚麻属植物韧皮纤维。亚麻属亚麻植物有百余种，有一年生和多年 生，纺织工业应用的为一年生纤维用草本植物。主要种植在我国的黑龙江、吉林、西北地区和内蒙古一带，亚麻

亚　麻

纤维细长品质好，是优良的纺织纤维，是人类最早使用的天然纤维之一，被誉为"天然纤维中的纤维皇后"。

　　亚麻麻茎直径约 1 ~ 3 厘米，纤维成束的分布在茎的韧皮部分，在麻茎径向均匀地分布有 20 ~ 40 个纤维束，呈一圈完整的环状纤维层。单纤维为初生韧皮纤维细胞，一个细胞就是一根单纤维，一束纤维中约有 30 ~ 50 根单纤维，在麻茎的不同部位单纤维和纤维束的结构是不同的。其麻纤维的径向结构可分成表层、韧皮层、形成层、木质层和髓腔。在麻茎中木质层占 70% ~ 75%，韧皮层占 13% ~ 17%，韧皮层中纤维的含量占 11% ~ 13%。

　　亚麻纤维的色泽是决定亚麻纤维用途的重要标志，一般以银白色、淡黄色和灰色为最佳，以暗褐色、赤红色为最差。

图与文

亚麻纤维柔软、强韧、有光泽、耐磨、吸水性小、散水快，纤维吸湿后膨胀率大，能使纺织品组织紧密，不易透水，是优良的纺织原料。

亚麻纤维具有许多优良的性能，比如吸湿散热、保健抑菌、防污抗静电、防紫外线，并且阻燃效果极佳。亚麻纤维制成的织物的用途很广泛，可以用作服装面料、装饰织物、桌布、床上用品和汽车用品等产业用品。随着新品种、新技术、新纺纱方法、新织造方法及新的整理工艺的出现，亚麻制品产业的发展势头越来越好。

■ 黄麻纤维

黄麻纤维是最廉价的天然纤维之一，其种植量和用途的广泛都仅次于棉花。它和洋麻、大麻、亚麻、苎麻等同样属于韧皮纤维。纤维的颜色从白色到褐色，长度为 1 ~ 4 米。黄麻属一年生草本植物。全世界黄麻的主要生产国为印度和孟加拉国，其次为中国、泰国、尼泊尔、越南和巴西等，此外在欧美一些国家也有少量种植。我国栽培的有长果种和圆果种两种，主要生长在长江流域和华南地区，以广东、浙江、福建、江西、四川、江苏、湖北、湖南等省种植较多。

黄麻纤维属于单细胞纤维，生长在麻皮的韧皮部内，是由初生分生组织和次生分生组织的原始细胞经过伸长和加厚形成的。纤维细胞在麻茎的韧皮层中分多层排列，每层中纤维细胞集成一束，每个纤维束的单纤维细胞的顶部嵌入另一束纤维细胞之间，形成网状组织。在同一麻株中，各层细胞不断分裂实现纤维的增殖，同时，纤维细胞随着麻茎的增长逐渐发育成熟，又自内至外不断的分裂新纤维。黄麻生长到半花果期时达到工艺成熟期，纺织用的黄麻就是这一时期收获的，收获期过早、过晚对纤维的品质质量影响很大。

黄麻纤维的长度较短，一般以束纤维状分布在麻茎中，每束中有 5 ~ 30

根纤维。纤维纵向表面光滑无转曲,有光泽,偶有横节,截面呈五角或六角形,有圆形或椭圆形的中腔,其中腔大小不一,细胞壁厚薄不规则。

黄麻纤维的柔软度与麻的品种、栽培和生长环境密切相关,与脱胶程度也有关系。纤维的柔软度高,可纺性能就好,断头率就低。黄麻纤维中长果种的柔软度要好一些。在麻茎的不同部位测得的纤维柔软度亦有差异,一般梢部最柔软,中部次之,根部最差。不同粗细的纤维,细的柔软,粗的较硬。

黄麻纤维中圆果种黄麻为乳白色,部分为灰白色;长果种黄麻为乳黄色,部分为棕黄色。正常成熟的麻纤维,光泽好的品质好,强度也高。生长较嫩的麻纤维,光泽虽好,强度欠佳,品质亦差。通常在麻纤维分等分级中,可以从麻纤维的色泽来鉴定麻纤维的强度。

黄麻纤维被称为"黄金纤维",目前已成为世界上最有经济价值最有多种用途的纤维之一。它可以用来开发各种形式的纤维产品,它在纺织

■ 图与文

黄麻纤维具有吸湿性能好、散失水分快以及生物降解等特点,主要应用之一是制作纺织麻袋、粗麻布。

工业和无纺工业中扮演着重要角色。主要供制作麻袋、麻布用,还可造纸、制绳索、织地毯和窗帘等。麻骨可制活性炭、纤维板等。

■ 苎麻纤维

苎麻为荨麻科苎麻,属于多年生宿根性草本植物,一年可多次收获。苎麻纤维具有良好的性能,是优良的纺织原料。我国是世界上第一大苎麻生产国,其产量占世界总产量的90%,故苎麻有"中国草"的美称。苎麻的品种很多,以白叶种和绿叶种最为常见。

苎麻纤维中间有沟状空腔,管壁多孔隙,因而透气性比棉纤维高3倍左右,同时苎麻纤维含有叮咛、嘧啶、嘌呤等元素,对金黄色葡萄球菌、

■图与文

浏阳夏布又叫苎麻布，是以苎麻为原料，手工纺织而成的纯麻纤维制品。浏阳夏布织造精致，具有轻薄细软，凉爽透气，易洗易干，越洗越白等，经久耐用等特点，是夏季制作衣料、蚊帐的理想布料。

绿脓杆菌、大肠杆菌等都有不同程度的抑制效果，具有防腐、防菌、防霉等功效，适宜做各类卫生保健用品，被公认为"天然纤维之王"。它与棉、丝、毛或化学纤维进行混纺、交织，可以弥补上述纤维的缺陷。

苎麻纤维是由一个细胞组成的单纤维，其长度是植物纤维中最长的，横截面呈腰圆状，有中腔，两端封闭呈尖状，整根纤维呈扁管状，表面光滑略有小结节。我国的苎麻一年可收获3次，分别为头麻、二麻和三麻。品质一般以二麻最好，头麻次之，三麻最差。

苎麻纤维成熟后要及时收获，苎麻的麻茎收获时间对纤维的品质和收获量影响很大。收获过早，纤维未充分发育成熟，纤维的胞壁薄，强力低，可纺性差。收获过迟，纤维粗硬，强力和可纺性同样降低。将收获麻茎的麻皮自麻茎上剥下后，先刮去表皮，称为刮青。经过刮青后的麻皮晒干或烘干后呈丝状或呈片状的原麻，称为生麻，即商品苎麻。生麻在纺纱前还需经过脱胶工序。过去多采用生物脱胶法，近年来渐渐采用化学脱胶法。

苎麻经过脱胶后麻纤维称为精干麻，纤维色白而富有光泽。在

苎麻精干麻

麻纤维加工中针对苎麻纤维断裂伸长率小、弹性差、织物不耐磨、易起皱及吸色性差等缺点，可对苎麻纤维进行改性处理，如用碱—尿素改性的苎麻纤维，其结晶度、取向度减小，因而强度降低，伸长率提高，纤维的断裂功、钩结强度、卷曲度有明显增加；吸放湿能力提高，从而改善了纤维的可纺性，提高了织物的耐用性能。

苎麻纤维较其他麻类纤维有很好的光泽，由于含有不纯净物或色素，使原麻呈白、青、黄、绿等深浅不同的颜色，一般多呈青白色或黄白色，含浆过多的呈褐色，淹过水的苎麻纤维略带红色。在收获的三季麻中，二麻较白，头麻、三麻色泽较暗，经过脱胶漂白后的苎麻纤维为纯白色，脱胶过多的苎麻纤维色泽变深，光泽差，强度亦降低，因此纤维的色泽亦是衡量纤维品质性能好坏的重要标志之一。

■ 芙蓉麻纤维

芙蓉麻又称洋麻，为一年生或多年生草本植物，在热带地区可为多年生植物。洋麻起源于东南亚和非洲，主要生长在印度和孟加拉国，其次为中国、泰国、尼泊尔、越南和巴西等，此外在欧美一些国家也有少量种植。洋麻在20世纪初传入我国，主要种植地区为山东、河南、安徽、浙江、广东、广西、四川和河北等省，在江苏、江西、福建、湖北、湖南、贵州、陕西、辽宁也有种植。

洋麻纤维生长在麻茎的韧皮部内，纤维细胞的发育可分为伸长期、加厚期和细胞的成熟期，洋麻纤维的细胞从分化到成熟需 28～35 天。

洋麻纤维的细胞由分生组织（生长点）生长的初生纤维和形

图与文

洋麻是一年生或多年生草本植物，高可达 3 米，茎直立，无毛，疏被锐利小刺。叶异型，下部的叶心形，不分裂，上部的叶掌状 3～7 深裂，裂片披针形，长 2～11 厘米，宽 6～20 毫米，先端渐尖，基部心形至近圆形，具锯齿，两面均无毛。

成层细胞分裂增殖的次生纤维两部分组成。初生纤维组织较紧密，纤维胞壁较厚，中腔小，纤维富有弹性，强力高，束纤维较长；而次生纤维则反之，纤维束愈向内，则纤维长度依次缩短。从麻茎的结构来看初生纤维分布于麻茎的最外侧，次生纤维束以生长的时期不同依次平行排列于麻茎的内层，形成若干个纤维群。

洋麻的单纤维长度和宽度有较大的差异。洋麻纤维纵向表面光滑无转曲，有光泽，偶有横节；截面呈不规则多角形，有圆形或椭圆形；细胞中腔呈圆形及卵圆形，其中腔的大小不一，细胞壁厚薄不规则。洋麻纤维束的横断面是由数十根单纤维集合在一起构成，在各个单纤维间靠胶质相联。纤维束的纵向由纤维互相交错连接成网状，结构紧密，不易分开。

麻茎上剥下的麻皮，必须经过脱胶，将生硬的麻皮脱胶制成柔软的熟麻，即可作为纺织原料。

洋麻纤维的柔软度与其品种、栽培和生长环境密切相关，与脱胶程度也有关系。纤维的柔软度高，可纺性能就好，断头率就低。一般洋麻纤维比较粗硬，柔软度差。因此洋麻纺纱中断头率高，可纺性不及黄麻。

洋麻纤维为银白色，部分为灰白色。正常成熟的洋麻纤维，光泽好的品质好，强度也高。生长较嫩的麻纤维，光泽虽好，强度欠佳，品质亦差。在麻纤维分等分级中，可以从麻纤维的色泽来鉴定麻纤维的强度。

洋麻纤维通常含有杂质，洋麻纤维中的杂质是指附在纤维中的麻骨、麻秆、枝叶、皮屑、尘埃物质，以及混入的石块、铁块等。

动物纤维

动物纤维是天然蛋白质纤维，是动物毛或分泌物构成的天然纤维，主要成分是蛋白质。动物纤维最主要的品种是各种动物毛和蚕丝。动物纤维柔软富有弹性，保暖性好，吸湿能力强，光泽柔和，可以制织成四季皆宜的中、高档服装，以及装饰用和工业用织物。

毛发纤维 〉〉〉

动物毛的种类很多，主要的有羊毛、兔毛、骆驼毛、兔毛、牦牛毛等。

■ 羊毛纤维

羊毛纤维是羊的皮肤的变形物。羊毛覆盖在羊皮的表面，呈簇状密集在一起，在每一小簇毛中，有一根直径较粗，毛囊较深的导向毛，其他较细的羊毛围绕着导向毛生长，形成毛丛，毛丛中的纤维形态相同，长度、细度接近，生长密度大，又有较多的汗脂使纤维相互粘连，形成上、下基本一致的形状，从外部看呈平顶毛丛，具有此特征的羊毛品质较好。毛丛中粗细混杂，外观呈扭结辫状的毛较差。

羊毛纤维的形成始于胚胎时期。从毛囊原始体的发生，到形成一套能够不断生长羊毛纤维的完整的毛囊组织，是伴随着羊胎儿的皮肤细胞同时发育的，经历了一个复杂的生物学过程。羊胎在 57 ~ 70 天时，在皮肤上将要生长毛纤维的地方会出现一个原始体。这个原始体以后逐步形成毛囊和它的一整套附属物。由于新生的角质化细胞不断增长，生长成的羊毛纤维便愈来愈向上，加上毛囊的周期性规律的运动，毛纤维最后穿过表皮伸出体外，即形成了毛孔。毛纤维的整个发育，从表皮原始点起，到突出胎儿体表止，共持续 30 ~ 40 天。

羊毛纤维有许多优良特性，如弹性好、吸湿性强、保暖性好、不易沾污、光泽柔和、染色优良，还具有独特的缩绒性（羊毛纤维及其织品在湿热条件下，经机械力作用，使羊毛集合体逐渐收缩紧密，并相互穿插纠缠、交编毡化的特性）。这些性能使羊毛制

羊毛纤维制品

品不但适合春、秋、冬季衣着选用，也适合夏季，成为一年四季皆可穿的衣料。此外，羊毛制品在工业、装饰领域中也有广泛用途，如工业用呢、呢毡、毛毯、衬垫材料，装饰用壁毯、地毯等。

按纤维结构，羊毛纤维主要分为下面几种：

（1）细羊毛。细羊毛毛纤维平均直径在 25 微米以下，一般无毛髓，富于卷曲。

（2）半细羊毛。半细羊毛毛纤维平均直径在 25.1 ~ 55 微米，一般无髓质层，卷曲较细羊毛少。

（3）两型毛。两型毛毛纤维有显著的粗细不匀，兼有绒毛和粗毛的特征。

（4）粗毛。直径在 52.5 微米以上的羊毛，一般有毛髓，卷曲少或无卷曲。

（5）发毛。发毛直径大于 75 微米，纤维粗长，无卷曲，在毛丛中常形成毛辫。

羊毛是天然蛋白质纤维，主要由一种叫角朊的蛋白质构成，角蛋白含量约占 97%，无机物约占 1% ~ 3%。

羊毛对酸作用的抵抗力比棉强，低温或常温时，弱酸或强酸的稀溶液对角蛋白无显著的破坏作用，随温度和浓度的提高，酸对角蛋白的破坏作用相应加剧。如用浓硫酸处理羊毛，升高温度，可使羊毛破坏，强力下降。

羊毛对碱的抵抗能力比纤维素低的多，碱对羊毛的破坏随碱的种类、浓度、作用的温度和时间的不同差异较大。角蛋白受破坏后，强度明显下降，颜色泛黄，光泽暗淡，手感粗硬，抵抗化学药品的能力相应降低。

羊毛是天然纤维中抵抗日光、气候能力最强的一种纤维，光照 1 120 小时，强度下降 50% 左右，主要是紫外线破坏羊毛中的二硫键，使胱氨酸被氧化，颜色发黄，强度下降。

1. 山羊绒

山羊绒就是从山羊身上抓剪下来的绒纤维，简称羊绒。山羊绒是山羊在严冬时，为抵御寒冷而在山羊毛根处生长的一层细密而丰厚的绒毛，入冬寒冷时长出，抵御风寒，开春转暖后脱落，自然适应气候。气候愈寒冷，羊绒愈丰厚，纤维愈细长。

普通山羊绒

山羊绒在世界市场上被称为"开司米"（Cashmere），这是因为过去曾以克什米尔作为山羊原绒的集散地，于是它就以克什米尔名称流行世界各地。据考证，克什米尔地区的山羊最早起源于我国西藏，是后来迁移到克什米尔地区的。

山羊绒纤维是高档服饰原料，故在我国又被称为"软黄金"、"纤维的钻石"、"纤维王子"、"白色的云彩"、"白色的金子"等美誉。

羊绒不同于羊毛，羊绒只生长在山羊身上。一般概念上讲，羊绒仅指山羊绒而言。绵羊并没有绒，许多人把绵羊身上的有点类似于羊绒特性的细羊毛称作"绵羊绒"，其实是混淆了羊绒与羊毛的概念。

羊绒有白绒、紫绒、青绒、红绒之分，分别以 W、G、B、R 表示，其中以白绒最珍贵，但产出较少，仅占世界羊绒产量的 30% 左右，但中国山羊绒白绒的比例较高，占 40% 左右。山羊原绒有型号和等级之分。平均直径 ≤ 14.5μm 为特细型，14.5 ~ 16.0μm 为细型，≥ 16.0μm 为粗型；特细型和粗型又分为一、二等，细型分为一至四等。

羊绒产量极其有限，一只绒山羊每年产无毛绒（除去杂质后的净绒）50 ~ 80 克，平均每 5 只山羊的绒才够做一件羊绒衫。

图与文

巴彦淖尔盟狼山地区的白绒，在国内外享有盛誉，其白绒纤维细长、拉力强、弹性好、净绒率高，色泽呈冰糖色。

17

2. 绵羊毛

绵羊毛是一种天然动物毛纤维，具有角质组织，呈现光泽，坚韧并有弹性。因其产量高、种类多，可生产多种毛织品，是主要的毛纺工业原料。

绵羊毛的物理性质指标主要有细度、长度、弯曲、强伸度、弹性、毡合性、吸湿性、颜色和光泽等。细度是确定毛纤维品质和使用价值的重要工艺特性，细度越小，纺出的毛纱越细。长度包括自然长度和伸直长度，前者是指毛束两端的直线距离，后者是将纤维拉直测得的长度。细毛的延伸率在20%以上，半细毛为10%～20%。在细度相同的情况下，羊毛愈长，纺纱性能愈高，成品的品质愈好。弯曲被广泛用做估价羊毛品质的依据，弯曲形状整齐一致的羊毛，纺成的毛纱和制品手感松软，弹性和保暖性好。细毛弯曲数多而密度大，粗毛的发毛呈波形或平展无弯。强伸度对成品的结实性有直接影响。强度指羊毛对断裂的应力；伸度指由于断裂力的作用而增加的长度。各类羊毛的断裂强度有很大差异。同型毛的细度与其绝对强度成正比，毛愈粗其强度愈大。有髓毛的髓质愈发达，其抗断能力愈差。羊毛的伸度一般可达20%～50%。弹性可使制品保持原有型式，是地毯和毛毯用毛不可缺少的特性。羊毛的毡合性和吸湿性一般较优良。光泽常与纤维表面的鳞片覆盖状态有关，细毛对光线的反射能力较弱，光泽较柔和；粗毛的光泽强而发亮。弱光泽常因鳞片层受损所致。

世界上产毛量最高的国家为澳大利亚，其次为新西兰、俄罗斯、阿根廷、乌拉圭、南非、美国、英国等。在我国，绵羊主要分布在新疆、内蒙古、东北、西北、西藏等地。由于各个地区自然条件、饲养条件不同，因而绵羊毛品种较多。

澳大利亚羊毛占世界总产量的1/4以上，羊皮年出口量可达到500万张，素有"骑在羊背上的国家"的美誉。澳大利亚是世界上拥有美利奴羊最多的国家，约占全澳绵羊存栏总量的75%以上。美利奴羊主要用来提供细羊毛，也用于与其他羊杂交，改良羊种，细毛产量占总产毛量的3/4。澳大利亚细羊毛毛纤维质量较好，毛的卷曲多，卷曲形态正常，手感弹性较好。毛丛长度较整齐，一般均为7.5～8厘米，也有长达10厘米以上的。我国进口的细毛多为澳毛。

新西兰羊种由美利奴羊种与英国长毛羊种交配培育而成。纤维多属半细毛类型，羊毛的长度长，毛丛长度可达 12 ~ 20 厘米，毛的强力和光泽均好，易于洗涤，羊毛脂含量为 8% ~ 18%，含杂

■ 图与文

美利奴羊毛的特点是毛被质量均匀。毛丝长度 4 ~ 10 厘米，端部平齐，有密而均匀的卷曲。美利奴羊毛纺纱性能优良，可纺支数高，手感柔软而有弹性，适宜于制作优良的精纺织物。

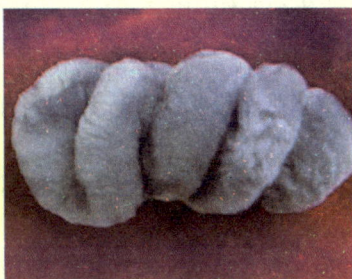

少，净毛率高。这种毛是毛线、工业用呢的理想原料。我国进口的半细毛主要是新西兰毛。

南美毛主要产地为乌拉圭和阿根廷，其中乌拉圭毛属于改良种羊毛，毛丛长度较短，为 7 ~ 8 厘米，细度偏粗，长度差异大，有短毛及二剪毛，草刺和黄残毛较多，原毛色泽乳黄，不易洗，净毛率较低。阿根廷毛一部分属于改良种羊毛，其质量与乌拉圭毛相同；另一部分属于美利奴羊种，毛丛长度较短，细度好，但离散系数大，常含有弱节毛，原毛色泽灰白，较难洗，含土杂率也高，净毛率较低，毛的手感较好，但强度差。

南非毛的质量较澳毛差，毛丛长度为 7.5 ~ 8.5 厘米，最短的仅 7 厘米左右，毛的细度较均匀，手感好，但强力较差，含脂量多为 16% ~ 20%，含杂较多，洗净率低。

3. 马海毛

马海毛指安哥拉山羊身上的被毛，又称安哥拉山羊毛。得名于土耳其语，意为"最好的毛"，是目前世界市场上高级的动物纺织纤维原料之一。

马海毛的外观形态与绵羊毛相类似，马海毛的长度一般为 120 ~ 150 毫米，直径为 10 ~ 90 微米。鳞片平阔紧贴于毛干，很少重叠，故纤维表面光滑，具有天然闪亮色泽，蚕丝般的光泽，不易收缩，也难毡缩。强度高，具有较好的回弹性和耐磨性及排尘防污性，不易起球，易清洁洗涤。

马海毛的皮质层几乎都是由正皮质细胞组成，故纤维很少弯曲，且对一些化学药剂的作用比一般羊毛敏感，具有较佳的染色性。马海毛以白色为主，也有少数棕色与驼色。马海毛制品外观高雅、华贵，色深且鲜艳，洗后不像羊毛那样容易毡缩，不易沾染灰尘，属高档夏季或冬季面料原料。马海毛主要用于大衣、毛衣、毛毯和针织毛线的生产。可纯纺或混纺制作男女各式服装、提花毛毯、装饰织物、花边、饰带及假发等。

■ 图与文

由于安哥拉山羊目前尚无法完全实现人工圈养，只能在丘陵灌木中生长，而且只有在8岁之前所产羊毛才能达到纺织标准，因此马海毛目前仍属高档纺织原料。

南非、美国、土耳其是当今世界安哥拉山羊毛的三大主要生产国。我国自1985年以来，从外国引入了安哥拉山羊，结束了无自产马海毛的历史。

■ 兔毛纤维

兔毛是从毛用兔身上剪下来的毛纤维。兔毛纤维颜色洁白，富有光泽，性质柔软，糯滑，且有良好的保暖性。纤维细度多数平均在 10 ~ 15 微米。

兔毛表面鳞片排列十分紧密，无卷曲度，纤维膨松，是毛织品尤其是针织品的优等原料，做成的服装轻软柔和，保暖舒适。

根据兔毛纤维的特点，一般可将其分为细毛、粗毛和两型毛 3 种。

细毛又称绒毛，是长毛兔被毛中最柔软纤细的毛纤

兔 毛

维，呈波浪形弯曲，长 5 ～ 12 厘米，细度为 12 ～ 15 微米，占被毛总量的 85% ～ 90%。兔毛纤维的质量，在很大程度上取决于细毛纤维的数量和质量，在毛纺工业中价值很高。

粗毛又称枪毛或针毛，是兔毛中纤维最长、最粗的一种，特点是直、硬，光滑，无弯曲，长度 10 ～ 17 厘米，细度 35 ～ 120 微米，一般仅占被毛总量的 5% ～ 10%，少数可达 15% 以上。粗毛耐磨性强，具有保护绒毛、防止结毡的作用。

两型毛是指单根毛纤维上有两种纤维类型。纤维的上半段平直无卷曲，髓质层发达，具有粗毛特征，纤维的下半段则较细，有不规则的卷曲，只有单排髓细胞组成，具有细毛特征。在被毛中含量较少，一般仅占 1% ～ 5%。两型

图与文

彩色兔毛属天然有色特种纤维，有不用化工原料染色的优点，并且色调柔和持久。它的毛织品手感柔和细腻、滑爽舒适，吸湿性强、透气性高、弹性好，保暖性比羊、牛毛高三倍。

毛因粗细交接处直径相差很大，极易断裂，毛纺价值较低。

世界上生产兔毛的国家，除了我国以外，还有韩国、阿根廷、印度以及非洲的部分国家。法、英、德、日等国家虽有长毛兔饲养，但主要是培育优良品种，并未大量饲养，这些国家生产的兔毛产量仅占世界总产量的 10% 左右。

■ **驼毛纤维**

驼毛是从骆驼身上采集下来的毛绒。驼毛纤维细长，具有手感柔软，保暖性强，不缩水，不结块，经久耐用，洗涤方便，不褪色等特点，是广大消费者所喜爱的一种冬令商品。我国内蒙古产出的驼毛，其产量、细度、长度、色泽不仅居全国之首，在世界上也久负盛名。其中阿拉善盟所产的

王府驼毛

驼毛质量最好，俗称"王府驼毛"。驼毛御寒力强，且牢固耐久，可填充衣被，纺织呢绒、织毯等。

骆驼能适应沙漠中严寒酷暑的恶劣环境，主要是依靠其特殊的皮毛组织，即驼毛，"驼绒"是取自骆驼腹部的绒毛，因产量有限，珍贵程度仅次于山羊绒，被纤维专家称为"天然蛋白质纤维"和"软黄金"。驼绒纤维由几万弹性分子组成，纤维的回弹性大，不易变形，毛量均匀，毛质轻、柔软蓬松、滑爽，能够减轻对人体的压力（舒适），并能改善体温过高和心律不齐，对腰、腿疼，特别对关节炎、肩周炎、心脏病、颈椎病、高血压患者，具有极好的理疗保健作用。所以特别适合老人、儿童使用和在阴冷湿寒的地区使用。驼绒纤维为中空竹节状结构（由皮质层和鳞片层组成，纤维横切面为椭圆柱形），有利于空气的储存，因此它有极佳的保暖性、隔湿性、吸湿性、防潮性和透气性，特别适合在阴冷湿寒的地区使用。天冷时能降低热传导率，天热时又能排出多余的热量，使绒内温度保持舒适（自动调温保湿功能，冬暖夏凉）。驼绒外部含有一种叫"亲力侧链氨基酸"的物质，能吸收空气中的水分，并加以排除，维持绒内干爽，保持舒适。

■ 图与文

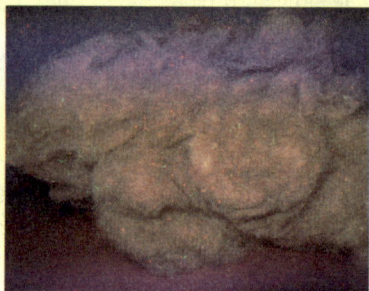

"驼绒"是取自骆驼腹部的绒毛，因产量有限，珍贵程度仅次于山羊绒。被纤维专家称为"天然蛋白质纤维"和"软黄金"。

加上驼绒的长度优于羊绒，也使驼绒的整体稳固性更高，从而更加持久耐用。

优质驼毛纤维长、有光泽，毛色有杏黄色、棕红色、银灰色、白色等。比较差的驼毛呈黑色，毛较粗。假驼毛如果是以羊毛下脚料冒充的，一般毛纤维很短，约为 3 ~ 4 厘米，而且比较粗。如果是各类化纤冒充的，可以在太阳光下观看，一般化纤在太阳光下有闪闪的光亮。另外，有的假驼毛杂质灰尘很多，而且由于原料没有洗干净，有一股腥臭味。优质驼毛手感柔软，富有弹性，干燥。

■ 羊驼绒纤维

羊驼主要栖息于秘鲁的安第斯山脉，安第斯山脉海拔高达 4 500 米，昼夜温差极大，夜间 −20℃ ~ −18℃，而白天 15℃ ~ 18℃，阳光辐射强烈、大气稀薄、寒风凛冽。在这样恶劣的环境下生活的羊驼，其毛发能够抵御极端的温度变化。羊驼毛不仅能够保湿，还能有效地抵御日光辐射，羊驼毛纤维含有显微镜下可视的髓腔，加之线密度小，因此在其他条件相同的情况下，其织物的保暖性能优于羊毛、羊绒或马海毛织物。

羊驼毛纤维的另一个非常独特的优点，是具有22种天然色泽：从白到黑，及一系列不同深浅的棕色、灰色，它是特种动物纤维中天然色彩最丰富的纤维。在市场上见到的"阿尔巴卡"即是指羊驼毛；而"苏力"则是羊驼毛中的一种，

图与文

羊驼绒是极细几乎没有针毛的纤维，可与羊毛或其他精纺纱线混纺，有着绝好的绝缘性和保温性能，不起球、不缩水，颜色丰富，穿着舒适、柔软，此外，还具有丝绸般的光泽。

且多指成年羊驼毛，纤维较长，色泽靓丽；常说的"贝贝"为羊驼幼仔毛，相对纤维较细、较软。羊驼毛面料手感光滑，保暖性极佳。

■ 牦牛绒纤维

牦牛是生长于我国青藏高原及其毗邻地区高寒草原的特有牛种，被称作"高原之舟"，是世界上生活在海拔最高处的哺乳动物。在我国牦牛主要分布在海拔3 000米以上的西藏、青海、新疆、甘肃、四川、云南等省区。产区地势高峻，地形复杂，气候寒冷潮湿，空气稀薄。年平均气温均在0℃以下，最低温度可达-50℃；年温差和日温差极大。相对湿度55%以上。无霜期90天（5—8月）。牧草生长低矮，质地较差。内蒙古自治区的贺兰山区以及河北省北部山地草原和北京市西部山地草原也有少量饲养。

"高原之舟"——牦牛

牦牛每年采毛一次，成年牦牛年产毛量为1.17～2.62千克；幼龄牛为1.30～1.35千克，其中粗毛和绒毛各占一半。牦牛绒很细，直径小于20微米，长度为3.4～4.5厘米，有不规则弯曲，鳞片呈环状紧密抱合，光泽柔和，弹性强，手感滑糯。牦牛绒比普通羊毛更加保暖柔软，被应用于服装生产领

■图与文

牦牛绒属于特种动物毛绒，纤维较细，含有一部分粗短毛。手感滑软，纤维弹性好，但光泽较差。牦牛绒毯手感丰满有弹性，绒毛直立紧密，绒面平整，色泽天然，毛皮光泽，风格特异。

域。常见的产品有：牦牛绒纱、牦牛绒线、牦牛绒衫、牦牛绒裤、牦牛绒面料和牦牛绒大衣等。随着加工工艺和技术的提高,牦牛绒必将被广泛认可,并成为继羊绒之后的又一种高档纺织原料。

丝类纤维 〉〉〉

■ 蚕丝纤维

蚕丝是熟蚕结茧时分泌丝液凝固而成的连续长纤维,也称"天然丝",属于高档的纺织原料,被誉为"纤维皇后",它与羊毛一样,是人类最早利用的动物纤维之一,根据食物的不同,又分桑蚕、柞蚕、木薯蚕、樟蚕、柳蚕和天蚕等。从单个蚕茧抽得的丝条称为茧丝,它由

蚕 丝

两根单纤维借丝胶黏合包覆而成。将几个蚕茧的茧丝抽出,借丝胶黏合包裹而成的丝条,有桑蚕丝(也称生丝)与柞蚕丝之分,统称为蚕丝。除去丝胶的蚕丝,叫做精炼丝。以它们为原料就可用织机加工成各类品种的织物了。

蚕丝纤维由两根呈三角形或半椭圆形的丝素外包丝胶组成,横截面呈椭圆形。蚕丝纤维为蛋白质纤维,丝胶和丝素是其主要组成部分,其中丝素约占3/4,丝胶约占1/4。丝胶和丝素由18种氨基酸组成,约含97%的纯蛋白质。丝胶是水溶性较好的的球状蛋白质,将蚕丝溶解于热水中脱胶精炼,就是利用了丝胶的这一特性。由于丝胶和丝素的氨基酸组成不同,丝素为纤蛋白,丝胶为球蛋白。桑蚕所吐之丝全长可达1 000米。

蚕丝是天然纤维中唯一的长纤维,其长度可直接供织造。蚕丝强韧而

图与文

蚕丝主要成分为纯天然动物蛋白纤维，内含多种人体必需的氨基酸，有防风、除湿、安神、滋养及平衡人体肌肤的功效。

以蚕丝作为内质的蚕丝被具有贴身保暖、蓬松轻柔、透气保健等得天独厚的品质和优点。

富有弹性，纤细而柔软，吸湿和触感良好，特别是光泽优雅美丽。蚕丝制品风格各异，可轻薄如纱，可厚实如绒。丝织物除供衣着外，织制的各种装饰品如窗帘、头巾、被面、裱装等更是名贵华丽。在工业上还可以作为降落伞、人造血管、电气绝缘等材料。

按饲养方式，蚕丝可分为家蚕丝和野蚕丝。家蚕一般是在室内饲养的，以桑叶为饲料，所得蚕丝又叫桑蚕丝，俗称真丝、厂丝。桑蚕丝质量最好，是天然丝的主要来源。这种蚕丝色泽白里略带黄色，手感细腻、光滑，有一股淡淡的动物纤维特有的气味。用桑蚕丝制作出来的被子特别柔软、贴身，手工层叠制成的蚕丝被更加耐用。野蚕是在室外放养的，有柞蚕、蓖麻蚕、棕蚕、天蚕等，所食饲料各不相同，其中以在柞树上放养的柞蚕为主，所得柞蚕丝是天然丝的第二主要来源。和桑蚕丝相比，柞蚕丝的颜色比较深，纤维较粗，其本色为黑灰色，需要漂白之后才能制作蚕丝用品。野蚕中的天蚕所吐的丝是一种价格昂贵，具有特殊外观效果（呈微绿色）的优良纤维，

图与文

桑蚕丝从栽桑养蚕至缫丝织绸的生产过程中未受到污染，因此是世界推崇的绿色产品。又因其为蛋白质纤维，属多孔性物质，透气性好，吸湿性极佳，而被世人誉为"纤维皇后"。

可缫制长丝，产量很少。

按初加工区分，蚕丝可分为生丝和熟丝。单根茧丝细而不牢，经过缫丝，即将几根茧丝合并，依靠丝胶胶合而成复合的茧丝就是生丝。生丝强力较大，手感较硬，光泽较差。除去丝胶的蚕丝称为熟丝，又称精炼丝，光泽优良，手感柔软平滑。

茧丝细脆，强度低，不能直接用来织造，必须将数根茧丝平行排列，并合成一根具有规定粗细的长丝，这就需要对蚕丝进行初加工。简单说，蚕丝的初加工就是将蚕茧制成生丝的过程，这个过程也叫制丝。制丝从混茧、剥茧、选茧开始，经过煮茧、缫丝、复整等工序。

混茧是将各种性能近似的原料茧进行混合，扩大批量，延长连续缫丝的时间，保持性能稳定，提高生丝品质。剥茧是剥除茧衣，便于选茧和缫丝。选茧是剔除下脚茧，并进一步根据蚕茧的质量特点进行精选，分级以利缫丝。

煮茧是利用热水和药剂使茧丝上的丝胶能适当的膨润、软化、溶解，减弱茧丝间的胶着力，使茧丝能依次不乱地从茧层上抽出，以利缫丝顺利进行。

缫丝是利用缫丝机将几根茧丝，通过丝胶的胶合构成生丝的过程。茧丝并合的根数取决于缫制生丝的细度和茧丝本身的粗细。在缫丝前，先要经过理绪，即将丝头理清找出正绪，又称索绪。在缫丝过程中经常有落绪现象出现，

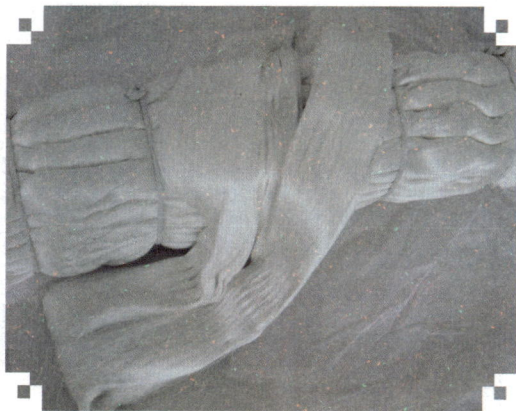

缫丝后

为保证生丝细度准确，必须及时添绪。有时根据需要，还要将生丝条相互捻绞，形成丝鞘。

复整包括复摇和整理。复摇是将经缫丝机落下的丝条以一定的形式卷绕到大䈅上，其目的是使丝条得到适当的干燥和保持一定的规格，并除

去缫丝时造成的部分疵点。整理包括留绪、编丝、回潮、胶丝、捆丝和包装等，其目的是防止丝条混乱，保持丝色和统一丝质，保证生丝质量，便于运输。

■ 蜘蛛丝纤维

蜘蛛丝来源于蜘蛛，蜘蛛的肚子里有许多丝浆，它的尾端有很小的孔眼。结网的时候，蜘蛛便将这些丝浆喷出去。丝浆一遇到空气，就凝结成有黏性，无论什么飞虫，一撞到网上就别想再跑掉。

蜘蛛丝与蚕丝相比，具有非常明显的优势，在力学强度方面，蜘蛛丝纤维与强度最高的碳纤维及高强合纤等强度相接近，但它的韧性明显优于这些纤维。据科学家研究试验，一束由蜘蛛丝组成的绳子比同样粗细的不锈钢钢筋还要坚强有力。它能够承受比钢筋还多5倍的重量而不会被折断。此外，蜘蛛丝还非常富有弹性，一条直径只有万分之一毫米的蜘蛛丝，可以伸长两倍以上才会拉断。

蜘蛛丝纤维在国防、军事（防弹衣）、建筑等领域具有广阔应用前景。人类利用蜘蛛丝始于1909年，在第二次世界大战时蜘蛛丝曾被用作望远镜、枪炮的瞄准系统中光学装置的十字准线。天然蜘蛛丝主要来源于结网，产量非常低，而且蜘蛛具有

■ 图与文

从蜘蛛身上抽取出蜘蛛基因植入山羊体内，让羊奶具有蜘蛛丝蛋白，再利用特殊的纺丝程序，将羊奶中的蜘蛛丝蛋白纺成人造基因蜘蛛丝。用这种方法生产的人造基因蜘蛛丝比钢丝强度高4～5倍。

同类相食的个性，无法像家蚕一样高密度养殖。所以要从天然蜘蛛中取得蛛丝产量很有限。随着现代生物工程发展，用基因工程手段人工合成蜘蛛丝蛋白是一种新突破，但目前规模生产还不成熟。

矿物纤维

矿物纤维是从矿物中提取出来的纤维,主要成分是无机物。矿物纤维最主要的纤维是石棉纤维。

石棉是天然纤维状的硅质矿物的泛称,是一种被广泛应用于建材防火板的硅酸盐类矿物纤维。石棉纤维基本成分是水合硅酸镁。石棉纤维的特点是耐热、不燃、耐水、耐酸、耐化学腐蚀。石棉纤维的类型有 30 余种,但工业上使用最多的有 3 种,即温石棉、青石棉、铁石棉。石棉有致癌性,在石棉粉尘严重的环境中有患癌型间皮瘤和肺癌的可能性,因此,在操作时应注意防护。

温石棉为蛇纹石石棉的统称。蛇纹石是由硅氧四面体和氢氧化镁石八面体组成的双层型结构的三八面体硅酸盐矿物。由于四面体层和八面体层之间不协调,因此形成 3 种不同的基本结构,构成 3 种矿物,

■ **图与文**

温石棉是相对最安全的无机纤维材料。自从 2004 年,瑞士专家、多国政府毒物学顾问大卫·伯恩斯坦博士公布"温石棉可以安全使用"的实验结果之后,包括我国在内的许多国家经过各自的科学实验,得出与伯恩斯坦博士完全一致的结论。

即具有平整结构的板状蛇纹石;具有交替波状结构的叶蛇纹石;具有卷曲状圆柱形结构的纤蛇纹石。在自然界纤蛇纹石矿物产出广泛,而且结晶程度高。

青石棉与温石棉相对,是角闪石类矿物透闪石、阳起石的纤维状变种,具典型的丝绢光泽,一般为青色或蓝青色。

铁石棉是一种含铁量很高的铁镁质含水硅酸赴，呈浅棕、淡褐、淡绿色，少数为白色，纤维一般很长，但很粗硬，可劈分性差，变形后机械强度大大降低，不能用来纺织。

石棉的应用已有数千年的历史。我国早在春秋战国时期的列子书中就有记载："火浣之布，浣之必投于火，布则火色垢则布色。出火而振之，皓然疑乎雪。"说明那时我国劳动人民就用石棉织布，用于防火。我国周代已能用石棉纤维制作织物，因沾污后经火烧即洁白如新，故有火浣布或火烷布之称。在古埃及，石棉被用来制作法老们的裹尸布。在芬兰，考古发现石棉纤维在旧石器时代的陶器作坊。马可·波罗曾说到一种"矿物物质"，被鞑靼人用来制作防火服。在法国，拿破仑皇帝曾对石棉很感兴趣，并鼓励在意大利进行实验。最古老的石棉矿是在克里特岛（希腊）、塞浦路斯、希腊、印度和埃及发现的。在 18 世纪，欧洲共记载了 20 个石棉矿，最大的是位于德国的赖兴斯坦。在美洲大陆，宾夕法尼亚州开采石棉始于 17 世纪末期。1860 年以后工业采矿发展起来，这既是受到了意大利和英格兰纺织工业的驱动，又是因为在南非、北美和俄国发现了大型石棉矿藏。1900 年前后，全世界开采的石棉数量大约是每年 30 万吨。石棉采矿自工业时代开始一直不断发展，1975 年约 500 万吨的石棉被开采出来，此后，吸入石棉粉尘带来的健康风险被广为传播开来，使用石棉的数量逐步下降。

经过几千年人类科学技术的发展，作为工业原料或材料的石棉，其应用就更加广泛和重要了。石棉制品或含有石棉的制品现有近 3 000 种，为 20 多个工业部门所应用。其中较为重要的是汽车、拖拉

石棉水泥瓦

机、化工、电器设备等制造部门。主要利用较高品级的石棉纤维织成纱、线、绳、布、盘根等，作为传动、保温、隔热、绝缘等部件的材料或衬料，在建筑工业上广泛应用中低品级的石棉纤维，主要用来制成石棉板、石棉纸防火板、保温管和窑垫以及保温、防热、绝缘、隔音等材料。石棉纤维可与水泥混合制成石棉水泥瓦、板、屋顶板、石棉管等石棉水泥制品，代替大量钢材广泛用于各种建筑工程。石棉和沥青掺合可以制成石棉沥青制品，如石棉沥青板、布（油毡）、纸、砖以及液态的石棉漆、嵌填水泥路面及膨胀裂缝用的油灰等，作为高级建筑物的防水、保温、绝缘、耐酸碱的材料和交通运输工程必不可少的材料。国防工业上石棉与酚醛、聚丙烯等塑料黏合，可以制成火箭抗烧蚀材料、飞机机翼、油箱、火箭尾部喷嘴管以及鱼雷高速发射器，大小船舶、汽车车身以及飞机、坦克、舰舶中的隔音、隔热材料，石棉与各种橡胶混合压模后，还可做成液体火箭发动机连接件的密封材料。石棉与酚醛树脂层压板，可做导弹头部的防热材料。蓝石棉还可作防化学、防原子辐射的衬板、隔板或者过滤器及耐酸盘根、橡胶板等。

根据制品的制造工艺及用途不同，将石棉制品划分为八大类：

1. 石棉水泥制品

这一类制品的种类繁多，常见的如石棉水泥管、石棉水泥瓦和石棉水泥板及各种石棉复合板等。这类制品的石棉用量占石棉总消耗量的75%以上，它们的共同特点是：

（1）比密度和容重都较小。比密度平均为2.75，容重为1 600～2 200kg/m³，是很好的轻质材料。

（2）导热性低。因敷设石棉水泥管的

图与文

石棉水泥管以高强无污染的石棉纤维作为盘材，加入高强高摩维尼纶、植物纤维等原料，用高标号水泥为主要原料，通过抄取卷制而成的新一代增强纤维水泥电缆管。

深度可以比敷设铸造铁管浅得多，故可大量节省基建投资。

（3）导电率低。石棉水泥管埋在地下不会腐蚀，其寿命比铸铁管长，机械强度高，能承受较大压力，是一种较好的电绝缘材料。

（4）容易切削加工。由于硬度不大，容易切削加工。

（5）化学性质稳定。石棉水泥管虽不耐酸，但在矿物水中比混凝土管耐久，可用于煤气管、下水管、烟道、油管、通风管、井管及地下电缆保护管，可节省大量钢材，延长使用寿命，节约电力等。

石棉水泥瓦具有成本低，屋面轻，施工方便、快捷等优点，主要应用于防火条件要求比较高的厂房、仓库等建筑物。随着涂料工业的发展，各种彩色石棉瓦、彩色石棉板等将为建筑行业提供更优质的材料。

石棉板用于建筑物的隔热、隔音墙板等。生产石棉水泥制品一般选用硬结构的针状棉，级别要求不甚高，4～5级棉即可满足使用要求。

2. 石棉纺织制品

石棉纤维质地柔软，机械强度高，可纺织成各种规格的石棉纱，而后捻线、搓绳、织布、织带，再制成各种制品。但是石棉纤维的表面平直光滑，不易纺成纱，因此需掺合一定数量的植物纤维（如棉花等）混合纺织。不过这类纤维也不能掺得太多，以免影响制品性能。

石棉纱纺制品一般都用温石棉制造，防酸制品则用青石棉。主要的石棉纺织制品有石棉布、石棉绳。

石棉布的品种和规格较多，织物组织有平纹、斜纹和山形斜纹等。石棉布的主要用途，除了制造各种耐热、防腐、耐酸、碱等材料外，还利用它做化工过滤材料及电解工业电解槽上的隔膜材料以及锅炉、暖气包、机件的保温隔热材料，

图与文

石棉布是用优质的石棉纱交织而成，适用于各种热设备和热管道系统作保温、隔热材料或加工成其他石棉制品。

在特殊场合用它做防火幕。在冶金厂、玻璃厂、渗炭厂、化工厂等都需要用石棉布做成石棉衣、石棉手套、石棉靴等劳保用品，防止高温火花及有毒液体对人的损害。

3. 石棉保温隔热制品

在一般蒸汽锅炉的外壁和蒸汽导管中的热能，因辐射和传导作用，在输送过程中热能损失很大，蒸汽热效率降低很多，因此在锅炉外壁和导管上常用石棉制作保温层，这种保温层能提高锅炉的热效率，降低热能损耗。此外，由于对蒸汽设备隔热，降低了车间的温度，改善了劳动条件。对于石油精炼等易燃、易爆部门亦可减少事故。冷藏设备采用石棉隔热，可以提高冷藏效果。用于车、船等交通工具的锅炉室隔热，将不致提高车厢或船舱的温度。

为了充分利用短纤维石棉和低质量石棉以降低成本，把石棉和其他材料配合制成以下保温材料用于有关设备中，如碳酸镁石棉粉、硅藻土石棉泥、碳酸钙石棉粉、陶土石棉粉等都是比较廉价的石棉保温材料。近年来，国内又开发出了一种比较高级的石棉保温材料——泡沫石棉，该产品导热系数低、保温性能好、节能效果显著，而且装卸、使用方便，正在全国迅速推广。

4. 石棉橡胶制品

石棉橡胶制品主要用于各种设备的密封、衬垫。主要品种包括：油浸石棉盘根、油浸石棉石墨盘根、其他石棉盘根、石棉橡胶板，耐油板等。生产量最大的是普通石棉橡胶板（高、中、低压）及耐油板。

5. 石棉制动（传动）制品

石棉传动和制动制品是任何传动机械和现代交通工具所不可缺少

油浸石棉盘根

的，这是因为石棉有较高的机械强度和耐热性，有良好的摩擦性能。

制动产品有制动带、制动片或叫刹车带、刹车片。国产刹车带现有 3 种类型：一是石棉编制刹车带，分树脂和油浸两种，多用于矿山机械和拖拉机；二是橡胶石棉布刹车带，多用于城市汽车制动；三是石棉纤维橡胶刹车带，多用于轻型机械的制动。

国产刹车片主要用石棉为增强材料，以酚醛树脂为黏合剂，以填料为摩擦性能调节剂，经膜塑而制成的三元复合材料，主要用于载重汽车的制动刹车。另外，还有人工合成的火车闸瓦、钻机闸瓦等，也属于制动产品。

传动制品主要用于各种机动车辆和工程机械的动力传动。主要品种为各种规格的离合器片、阻尼片等。

6. 石棉电工材料

石棉电工材料是指利用石棉纤维与酚醛树脂塑结合而制成各种电工绝缘材料。在电工上做高压器材的底板，高压开关把手，电话耳机柄、军用器材以及配电盘、配电板、仪表板等。

在造纸机上，用精选的石棉制成厚度为 0.2 毫米以下的绝缘石棉纸，是用在电机线圈的一种绝缘材料。

温石棉用于制造电工绝缘材料时，必须充分注意纤维中所含铁的存在形式。这

图与文

石棉纸板的厚度为 2.4 ~ 3.2 毫米，具有隔热、防火、耐酸碱和电绝缘性能。用 100% 石棉纤维（纤维状硅酸盐），经轻度打浆，加入胶料和填料，在造纸机或湿抄机上抄造而成。

种铁若是以磁铁矿细粒分散在纤维中，则其制品的绝缘性显著降低，甚至不能做电工制品。因此，必须经过特殊处理除去此类杂质，方可用于制造电绝缘制品。涞源石棉矿属碳酸盐岩型石棉矿床，含铁量少，绝缘性能极佳，最适宜制造石棉电工材料。

7. 石棉沥青制品

石棉纤维掺合在天然沥青或人造沥青中便可制成石棉沥青制品，石棉纤维在沥青中可以提高沥青的软化温度及降低其在低温下的脆性。

石棉纤维

石棉沥青制品有很多种，如薄型的石棉沥青板、石棉沥青布（石棉油毡）、石棉沥青纸、石棉沥青砖、液态的石棉漆和软性嵌填水泥路面及膨胀用的油灰等，作为高级建筑物的防水、保温、防潮、嵌填、绝缘、耐碱等材料，它是现代交通和建筑业不可缺少的材料。如在筑路用的沥青中掺入 2% 的短纤维石棉即可提高路面质量，使之冬天不龟裂，夏天不变软。

8. 石棉的复合材料

随着现代技术的发展，石棉在国防工业上的应用越来越广泛，并出现了许多新用途。如石棉与陶瓷纤维制成的复合绝缘材料，用于火箭的燃烧室。石棉与石墨的复合材料，用作导弹喷管的喉部和导弹发动机机体的封闭绝缘材料。石棉与金属复合材料用于高温防护，它可以避免火箭发动机火舌和高速飞行时由于高温引起的破坏作用。石棉与玻璃纤维、尼龙纤维交织制成的复合材料也用于火箭和导弹工业。

第二章

化学纤维

化然学纤维简单解释就是用化学或物理方法处理过的纤维，根据原料来源的不同，可分为人造纤维（再生纤维）、合成纤维和无机纤维。

纤维的长短、粗细、白度、光泽等性质可以在生产过程中加以调节，使其加工过的纤维分别具有耐光、耐磨、易洗易干、不霉烂、不被虫蛀等优点，这类加工过的纤维就是化学纤维。化学纤维广泛用于制造衣着织物、滤布、运输带、水龙带、绳索、渔网、电绝缘线、医疗缝线、轮胎帘子布和降落伞等。

合成纤维

　　合成纤维是以化学原料合成的聚合物制成的化学纤维。与天然纤维和人造纤维（再生纤维）相比，合成纤维的原料是由人工合成方法制得的，生产不受自然条件的限制。合成纤维除了具有强度高、质轻、易洗快干、弹性好、不怕霉蛀等外，不同品种的合成纤维各具有某些独特性能。20世纪20年代人工合成的锦纶纤维问世，1938年美国杜邦公司投入生产，开始了合成纤维发展的历史。1934年被列为20世纪影响人类生活的20大发明之一的涤纶纤维问世，在40年代末产业化。随后20世纪40年代开发的腈纶纤维于50年代产业化。三大品种合成纤维的产业化，使合成纤维作为三大高分子合成材料之一，在20世纪中叶有了飞速的发展。

腈纶纤维 〉〉〉

　　腈纶纤维的学名是聚丙烯腈纤维，我国称为腈纶，国外则称为"奥纶""开司米纶"。通常是指用85%以上的丙烯腈与第二和第三单体的共聚物，经湿法纺丝或干法纺丝制得的合成纤维。丙烯腈含量在35%～85%之间的共聚物纺丝制得的纤维称为改性聚丙烯腈纤维。

　　腈纶纤维具有下列性能：

　　（1）强度低。腈纶的强度较涤纶、锦纶低。断裂伸长与涤纶、锦纶相近。

　　（2）弹性差。腈纶纤维在重复拉伸下，弹性恢复较差，尺寸稳定性较差。

　　（3）耐磨性差。腈纶纤维的耐磨性为常见化学纤维中较差的一种纤维。

　　（4）吸湿性较好。腈纶的吸湿能力较涤纶好，但较锦纶差。

　　（5）染色性好。腈纶纤维的染色性能较好，且色泽鲜艳。

（6）化学稳定性较好。腈纶纤维有较好的化学稳定性，但对于浓硫酸、浓硝酸、浓磷酸等会使其溶解。在冷浓碱、热稀碱中会使其变黄，热浓碱能立即使其破坏。

（7）耐热性好。腈纶的耐热性仅次于涤纶，比锦纶好。具有良好的热弹性，可加工膨体纱。

（8）耐光性好。腈纶纤维的耐光性好，是常见纤维中耐光性能最好的，腈纶经日晒 1 000 小时，强度损失不超过 20%，因此特别适合于制作篷布、炮衣、窗帘等户外用织物。

腈纶蓬松、柔软，且外观酷似羊毛，从而有合成羊毛的美称。常制成短纤维与羊毛、棉或其他化学纤维混纺，织制毛型织物或纺成绒线，还可以制

■图与文

腈纶纤维柔软、膨松、易染、色泽鲜艳、耐光、抗菌、不怕虫蛀，根据不同的用途的要求可纯纺或与天然纤维混纺，其纺织品被广泛地用于服装、装饰、产业等领域。

成毛毯、人造毛皮、絮制品等。利用腈纶的热弹性可制成膨体纱。

腈纶面料的种类很多，有腈纶纯纺织物，也有腈纶混纺和交织织物。

（1）腈纶纯纺织物。腈纶纯纺织物采用 100% 的腈纶纤维制成。如用 100% 毛型腈纶纤维加工的精纺腈纶女式呢，具有结构轻松的特征，其色泽艳丽，手感柔软有弹性，质地不松不烂。而采用 100% 的腈纶膨体纱为原料，可制得平纹或斜纹组织的腈纶膨体大衣呢，具有手感丰满，保暖轻松的毛型织物特征，适合制作春秋冬季大衣、便服等。

（2）腈纶混纺织物。腈纶混纺织物指以毛型或中长型腈纶与黏胶或涤纶混纺的织物。包括腈/黏华达呢、腈/黏女式呢、腈/涤花呢等。腈/黏华达呢，又称东方呢，以腈、黏各占 50% 的比例混纺而成，具有呢身厚实紧密，结实耐用，呢面光滑、柔软、似毛华达呢的风格，但弹性较差，易起皱，适合制作低廉的裤子。腈/黏女式呢是以 85% 的腈纶和 15% 的黏胶混纺而

腈纶筒纱

成，多以绉组织织造，呢面微起毛，色泽鲜艳，呢身轻薄，耐用性好，回弹力差，适宜做外衣。腈/涤花呢是以腈、涤各占 40% 和 60% 混纺而成，因多以平纹、斜纹组织加工，故具有外观平挺、坚牢免烫的特点，其缺点是舒适性较差，因此多用作外衣、西服套装等中档服装的制作。

丙纶纤维 >>>

丙纶纤维又称聚丙烯纤维，是用石油精炼的副产物丙烯为原料制得的合成纤维。丙纶纤维原料来源丰富，生产工艺简单，产品价格相对比其他合成纤维低廉。丙纶纤维形态结构与涤纶、锦纶相似。

丙纶纤维具有下列性能：

（1）强度高。丙纶的强度高，因其不吸湿所以湿强基本与干强相等。

（2）耐磨性和弹性好。丙纶的耐磨性、弹性较好，仅次于锦纶。

（3）密度小。丙纶是所有的纺织纤维中密度最小的纤维。

（4）吸湿性、染色性差。丙纶吸湿性和染色性均很差。

（5）耐热性差。丙纶的耐热性较差，但耐湿热性能较好。

（6）耐光性差。丙纶纤维的耐光性很差，在光的照射下极易老化。从而在制造时常常添加防老化剂。

（7）化学性稳定。丙纶具有较稳定的化学性质，对酸碱的抵抗能力较强，有良好的耐腐蚀性。

丙纶短纤维可以纯纺或与棉纤维、黏胶纤维混纺，织制服装面料、地毯等装饰用织物、土工布、过滤布、人造草坪等；裂膜纤维则大量用于包

装材料、绳索等纺织制品，用来替代麻类纤维。

丙纶是所有服装用纤维中密度最小的，是可浮在水面上的纤维，但其强度很好，因此在服装中得到了普遍应用。

丙纶织物有纯纺、混纺和交织等类别，其中，混纺和交织物多与棉纤维搭配，如有丙 / 棉什色麻纱等品种；而纯丙纶织物则以帕丽绒大衣呢为代表。

（1）丙 / 棉什色麻纱。采用丙 / 棉 65/35 混纺纱织成，具有结实耐穿，外观挺括，尺寸稳定性好的特点。多用做军用雨衣、蚊帐等。

（2）帕丽绒大衣呢。以原液染色丙纶毛圈纱织造而成的仿毛织物，具有独特的呢面毛圈风格，色泽鲜艳美观，质地轻而保暖，毛感强，其最大的优点是易洗快干，物美价廉。适宜做青年装及儿童大衣等。

锦纶纤维 〉〉〉

锦纶纤维学名聚酰氨纤维，是我国所产聚酰胺的总称，又叫"耐纶"、"尼龙"，学名为聚酰胺纤维。由于锦州化纤厂是我国首家合成聚酰胺纤维的工厂，因此把它定名为"锦纶"。聚酰胺纤维是世界上最早的合成纤维品种，由于性能优良，原料资源丰富，一直被广泛使用。

锦纶纤维具有下列性能：

（1）强力高，伸长、耐磨能力强。

（2）吸湿性好。锦纶纤维的吸湿性能是合成纤维中较好的。

（3）染色性好。锦纶的染色性较好，色谱较全。

（4）抗静电。锦纶的比电阻较高，但有一定的吸

尼龙扎带

41

湿能力，从而使其静电现象不十分突出。

（5）耐碱不耐酸。锦纶的耐碱性较好，但耐酸性较差，特别是对无机酸的抵抗力很差。

（6）耐热性差。锦纶纤维耐热性差。随温度的升高而强力下降，锦纶6的安全使用温度为93℃以下，锦纶66的安全使用温度为130℃以下，遇火种易产生熔孔。

（7）耐光性差。锦纶的耐光性差。在长期的光照下强度降低，色泽发黄。

锦纶面料以其优异的耐磨性著称，它的耐磨性是棉纤维的10倍，是干态黏胶纤维的10倍，是湿态纤维的140倍。它不仅是羽绒服、登山服衣料的最佳选择，而且常与其他纤维混纺或交织，以提高织物的强度和坚牢度。

锦纶纤维面料可分为纯纺、混纺和交织物三大类，每一大类中包含许多品种。

■图与文

尼龙具有很强的生命力，主要在于它改性后实现高性能化，其次是汽车、电器、通讯、电子、机械等产业自身对产品高性能的要求越来越强烈，相关产业的飞速发展，促进了工程塑料高性能化的进程。

（1）锦纶纯纺织物。以锦纶丝为原料织成的各种织物，如锦纶塔夫绸、锦纶绉等。因用锦纶长丝织成，故有手感滑爽、坚牢耐用、价格适中的特点，但也有存在织物易皱且不易恢复的缺点。锦纶塔夫绸多用于做轻便服装、羽绒服或雨衣布，而锦纶绉则适合做夏季衣裙、春秋两用衫等。

（2）锦纶混纺及交织物。采用锦纶长丝或短纤维与其他纤维进行混纺或交织而获得的织物，兼具每种纤维的特点和长处。如黏/锦华达呢，采用15%的锦纶与85%的黏胶混纺成纱制得，具有经密比纬密大一倍，呢身质地厚实，坚韧耐穿的特点，缺点是弹性差，易折皱，穿时易下垂。此外，还有黏/锦凡立丁、黏/锦/毛花呢等品种，都是一些常用面料。

　　锦纶的应用领域仅次于涤纶，其产品以长丝为主，主要用于制作袜子、围巾、长丝织物、刷子的丝及织制地毯等；用于工业的可织制轮胎帘子线、绳索、渔网等；国防上主要用于织制降落伞等。

　　市场上最为常见的锦纶产品为锦纶 6 和锦纶 66。

　　锦纶 6 全名为聚己内酰胺纤维，由己内酰胺聚合而成。锦纶66 全名为聚己二酰己二胺纤维，由己二酸和己二胺聚合而成。锦纶 6 与锦纶 66 的共同特性是：耐光性较差，在长时间的日光和紫外光照射下，强度下降，颜色发黄；其耐热性能也不够好，在

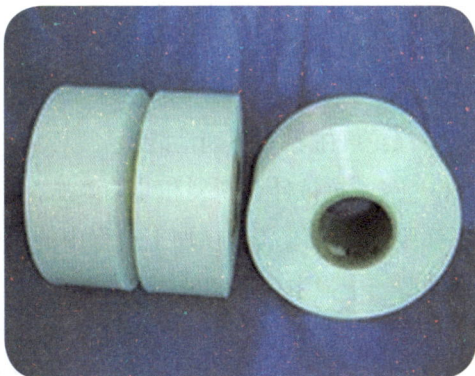

锦纶 6

150℃下，经历 5 小时即变黄，强度和延伸度显著下降，收缩率增加。锦纶 6、锦纶 66 长丝具有良好的耐低温性能，在 –70℃以下时，其回弹性变化也不大。它的直流电导率很低，在加工过程中容易因摩擦而产生静电，其导电率随吸湿率增加而增加。锦纶 6、66 长丝具有较强的耐微生物作用的能力，其在淤泥水或碱中耐微生物作用的能力仅次于氯纶。在化学性能方面，锦纶 6、锦纶 66 长丝具有耐碱性和耐还原剂作用，但在耐酸性和耐氧化剂作用上性能较差。

涤纶纤维 〉〉〉

　　涤纶学名叫聚对苯二甲酸乙二酯，是合成纤维中的一个重要品种，涤纶是我国聚对苯二甲酸乙二酯纤维的商品名称，俗称"的确良"。

　　涤纶是三大合成纤维中工艺最简单的一种，价格也比较便宜。它大量用于制造衣着面料和工业制品。涤纶具有极优良的定形性能。涤纶纱线或织物经过定形后生成的平挺、蓬松形态或褶裥等，在使用中经多次洗涤，

仍能经久不变。其化学名称为聚对苯二甲酸乙二酯纤维。它是由对苯二甲酸或对苯二甲酸二甲酯与乙二醇经缩聚反应得到聚对苯二甲酸乙二酯高聚物，经纺丝加工制得的纤维。根据实际需要涤纶可加工成短纤维和长丝。短纤维根据需要又加工成高强低伸型（棉型）、中强中伸型（中长型）和低强高伸型（毛型）。长丝根据其后加工的不同，加工成预取向丝、拉伸变形丝、全拉伸丝、拉伸加捻丝等。

涤纶纤维具有下列性能：

（1）抗拉伸、断裂和伸长率强。涤纶的拉伸断裂强力和拉伸断裂伸长率都要比棉纤维高，在加工过程中的牵伸倍数不同，可将纤维加工成高强低伸型、中强中伸性和低强高伸型等。

（2）弹性好。涤纶的弹性优良，在10%定伸长时的弹性恢复率可达90%以上，仅次于锦纶。因此，织物的尺寸稳定性较好，织物挺括抗皱。

（3）耐磨性强。涤纶的耐磨性仅次于耐磨性最好的锦纶。但织物易起毛起球，且不易脱落。

（4）吸湿性差。涤纶纤维吸湿能力很差。

（5）染色性差。涤纶的染色性较差，染料分子难于进入纤维内部，一般染料在常温条件下很难上染。

（6）耐酸不耐碱。涤纶的耐碱性较差，仅对于弱碱有一定的耐久性，但对于酸的稳定性较好，特别是对有机酸有一定的耐久性。在100℃于5%的盐酸溶液中浸泡24小时，或在70%的硫酸溶液中浸泡7小时后，其强度几乎不损失。

（7）耐热性好。涤纶有很好的耐热性和热稳定性。在150℃左右处理1 000小时，其色泽稍有变化，强力损失不超过50%。但涤纶遇火种易产生熔孔。

（8）耐光性好。涤纶有较好的耐光性，其耐光性仅次于腈纶。

（9）抗静电力弱。涤纶纤维导电能力极差，易产生静电，对纺织工艺加工带来了不利的影响。同时，由于静电电荷积累，易吸附灰尘。但可以利用其电阻高的特性，加工成优良的绝缘材料。

由于涤纶纤维有许多优良的性能，无论在服装、装饰还是产业领域的应用十分广泛。其短纤维可与棉、毛、丝、麻和其他化学纤维混纺，加工不同性能的纺织制品，用于服装、装饰及各种不同的领域。涤纶长丝，特别是变形丝可用于针织、机织制成各种不同的仿真型内外衣。涤纶

涤纶面料是日常生活中用的非常多的一种化纤服装面料。其最大的优点是抗皱性和保形性很好，因此，适合做外套服装。

长丝也因其具有良好物理化学性能，广泛用于轮胎帘子线、工业绳索、传动带、滤布、绝缘材料、帆布、帐篷等工业制品。随着新技术新工艺的不断应用，对涤纶进行了改性制得了抗静电、抗起毛起球、阳离子可染等涤纶。

涤纶纤维面料的种类较多，除织制纯涤纶织品外，还有许多和各种纺织纤维混纺或交织的产品，弥补了纯涤纶织物的不足，发挥出更好的服用性能。涤纶织物而今正向着仿毛、仿丝、仿麻、仿鹿皮等合成纤维天然化的方向发展。

（1）涤纶仿真丝织物。由涤纶长丝或短纤维纱线织成的具有真丝外观风格的涤纶面料，具有价格低廉、抗皱免烫等优点，颇受消费者欢迎。常见品种有：涤丝绸、涤丝绉、涤丝缎、涤纶乔其纱、涤纶交织绸等。这些品种具有丝绸织物的飘逸悬垂、滑爽、柔软、赏心悦目，同时，又兼具涤纶面料的挺括、耐磨、易洗、免烫，但是这类织物吸湿透气性差，穿着不太凉爽，为了克服这一缺点，现已有更多的新型涤纶面料问世，如高吸湿涤纶面料便是其中的一种。

（2）涤纶仿毛织物。由涤纶长丝如涤纶加弹丝、涤纶网络丝或各种异形截面涤纶丝为原料，或用中长型涤纶短纤维与中长型黏胶或中长型腈纶混纺成纱后织成的具有呢绒风格的织物，分别称为精纺仿毛织物和中长仿毛织物，其价格低于同类毛织物产品。既具有呢绒的手感丰满膨松、弹性

涤纶仿毛织物

好的特性，又具备涤纶坚牢耐用、易洗快干、平整挺括、不易变形、不易起毛、起球等特点。常见品种有：涤弹哔叽、涤弹华达呢、涤弹条花呢、涤纶网络丝纺毛织物、涤黏中长花呢、涤腈隐条呢等。

（3）涤纶仿麻织物。这是国际服装市场受欢迎的衣料之一，采用涤纶或涤/黏强捻纱织成平纹或凸条组织织物，具有麻织物的干爽手感和外观风格。如薄型的仿麻摩力克，不仅外观粗犷、手感干爽，且穿着舒适、凉爽，因此，很适宜夏季衬衫、裙装的制作。

（4）涤纶仿鹿皮织物。涤纶仿鹿皮织物是新型的涤纶面料之一，以细或超细涤纶纤维为原料，经特殊整理加工在织物基布上形成细密短绒毛的涤纶绒面织物，称为仿鹿皮织物，一般以非织造布、机织布、针织布为基布，具有质地柔软、绒毛细密丰满有弹性、手感丰润、坚牢耐用的风格特征。常见的有人造高级鹿皮、人造优质鹿皮和人造普通鹿皮 3 种。适合做女衣、高级礼服、茄克衫、西服上装等。

氯纶纤维 〉〉〉

氯纶学名叫聚氯乙烯纤维，我国称为氯纶。它是由聚氯乙烯或其共聚物制成的一种合成纤维。氯纶采用溶液纺丝或热挤压法纺丝。氯纶纤维的形态与腈纶、维纶相近。氯纶于 1913 年开始生产，但发展速度较慢。氯纶的原料丰富，生产流程短，是合成纤维中生产成本最低的一种。近年来，随着氯纶耐热等性能的提高，又有了新的发展。

氯纶具有下列性能：

（1）强度高。氯纶的强度与棉纤维相接近。

（2）弹性和耐磨性较差。氯纶的弹性和耐磨性较棉纤维好，但在合成纤维中为较差的。

（3）吸湿性差。氯纶的大分子链上无亲水性基团，故吸湿能力很差，在通常大气条件下几乎不吸湿。

（4）染色性差。由于染料难于进入纤维内部，故氯纶的染色性很差。不适合于在较高温度下染色。

阻燃氯纶布料

（5）难燃，热稳定差。氯纶具有难燃性，离开火焰即可自行熄灭。保暖性较好，但氯纶的热稳定性很差，在70℃时开始收缩，当温度达到100℃时收缩率达到50%左右。

（6）耐光性强。氯纶与涤纶相似，有较好的耐日晒性能，在日光照射下强度几乎不下降。

（7）化学性质稳定。氯纶纤维具有较好的化学稳定性，耐酸耐碱性能优良。

图与文

氯纶有短纤维、长丝和鬃丝等。氯纶短纤维可以制成棉絮、毛线及针织内衣裤等，这些织物对患有风湿性关节炎的人有一定的护理作用。

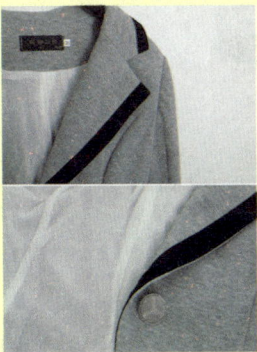

氯纶是世界上最早的合成纤维之一，具有耐水性、耐化学性、耐腐蚀性及不燃性等许多优点，因此在服装上，尤其在室内装饰应用上有着广泛的应用。氯纶主要用于制作各种针织内衣、绒线、毯子、阻

燃装饰布等；还可制作鬃丝，用来编织窗纱、筛网、渔网、绳索，此外还可用作产业用滤布、工作服、绝缘布、安全帐幕等。

氯纶面料因不耐热而限制了其应用范围，多集中于装饰和产业用布。用于服装上的氯纶织物品种不多，主要包括氯/毛条格天鹅绒、黏/氯绒布及氯/富平布等。

（1）氯/毛条格天鹅绒。氯/毛条格天鹅绒利用氯纶受热收缩性与受热不收缩的羊毛进行织制而成，使羊毛凸出于表面则得到条纹格子天鹅绒。这种织物具有柔软的手感和优美的外观形象，是用于窗帘、帷幕等装饰物的极好材料，也可作为晚礼服的面料。

（2）黏/氯绒布。黏/氯绒布是采用70%黏胶与30%的氯纶进行混纺成纱，织成的绒布具有怕热不易燃烧的特点，可用做室内装饰布及老年、儿童内衣。

（3）氯/富平布。氯/富平布是氯纶与富纤以1：1比例混纺加工而成，其面料性能与黏/氯绒布很相似，可做家具的覆盖物。

维纶纤维 〉〉〉

维纶学名叫聚乙烯醇缩醛纤维，也叫维尼纶。其外观和性能接近棉花，有"合成棉花"之称。维纶是采用醋酸乙烯醇解的方法制得的。维纶采用溶液纺丝，形态结构与腈纶相似。

维纶纤维具有下列性能：

（1）强度一般。维纶纤维的强度稍高于棉花，但比羊毛高很多。

（2）弹性差。维纶纤维的弹性较其他合成纤维差，织物

维尼纶

48

保形性较涤纶差，但较棉纤维高。

（3）吸湿性超强。维纶纤维的吸湿能力是常见合成纤维中最好的。

（4）染色性差。维纶的染色性能较差，其色谱不全。湿法纺丝的纤维色泽不够鲜艳，干法纺丝的纤维较为鲜艳。

（5）耐热性差。维纶的耐热水性很差，其聚乙烯醇在80℃～90℃的沸水收缩率达10%，因此在加工过程中常常进行缩甲醛处理，以提高其耐热水性。否则，在热水中剧烈收缩，甚至会溶解。

（6）抗静电能力较好。维纶吸湿能力较强，比电阻较小，抗静电能力较好。

（7）耐光性一般。维纶纤维的耐光较天然纤维好，但较涤纶、腈纶差。

（8）耐碱不耐强酸。维纶有较好的耐碱性，且对一般的有机溶剂有较好的抵抗能力，但不耐强酸。

维纶主要以短纤维为主，常与棉纤维进行混纺。由于本身纤维性能的限制，维

■ 图与文

维纶是合成纤维中吸湿性最大的品种，吸湿率为4.5%～5%，接近于棉花（8%）。维纶纺织布穿着舒适，适宜制内衣。

纶纤维一般只制作低档的民用织物。但由于维纶与橡胶有很好的黏合性能，因而被大量用于做产业制品，如绳索、水龙带、渔网、帆布、帐篷等。

维纶面料一般纯纺极少，多与其他纤维进行混纺或交织。

聚乳酸纤维 〉〉〉

聚乳酸纤维也叫聚丙交酯，是一种可完全生物降解的合成纤维，于1992年开发成功，它可从谷物中取得。其制品废弃后在土壤或海水中经微生物作用可分解为二氧化碳和水，燃烧时，不会散发毒气，不会造成污染。

是一种可持续发展的生态纤维。

现在聚乳酸纤维的制取方法是这样的：先由玉米、甘蔗或甜菜通过发酵和蒸馏的方法提取乳酸，聚合成聚乳酸，然后通过溶液纺丝方法得到聚乳酸纤维。聚乳酸纤可以加工成短纤维、复丝和单丝形式，其性能优良、用途广泛，发展前景广阔。其织物不但比较柔软、耐用、吸湿性好，而且还有一定的抗皱性能。近年来，国际上对聚乳酸纤维的技术开发和工业化取得了突破性的进展，是一种前景良好的纤维。

无机纤维

无机纤维是以矿物质为原料制成的化学纤维。主要品种有玻璃纤维、石英玻璃纤维、硼纤维、陶瓷纤维和金属纤维等。其中，除了玻璃纤维材料之外，其他纤维均是 20 世纪后叶发展起来的新材料。无机纤维有着有机纤维所没有的优异特性，作为工业用纤维新材料，无机纤维已经在新材料领域中确立了重要地位。

无机纤维新材料有两大类：一类是无机物和无机化合物纤维，如碳纤维、硼纤维、玻璃纤维等；另一类是金属纤维，如不锈钢纤维、铜合金纤维等。这些纤维均可采用机织、针织、非织造和复合等工艺加工方法，生产具有特定功能，满足相关产业特定需要的产品。

无机纤维 〉〉〉

■ 碳纤维

碳纤维是由碳元素构成的无机纤维。碳纤维不仅具有碳材料的固有本征特性，又兼具纺织纤维的柔软可加工性，是新一代增强纤维。

碳纤维中碳含量通常大于 90%，其中含碳量高于 99% 的称石墨纤维。

它具有优异的力学性能，如强度高，耐热性强（在 2 000℃以上的高温惰性气体环境中，碳纤维是唯一强度不下降的材料），还有低密度、化学稳定性、电热传导性、低热膨胀性、耐摩擦、磨损性低、X 射线透射性、电磁波遮蔽性、生物体亲和性等优良特性。

碳纤维可分别用聚丙烯腈纤维、沥青纤维、黏胶丝或酚醛纤维经碳化制得；按状态分为长丝、

碳纤维编织品

短纤维和短切纤维；按力学性能分为通用型和高性能型。

碳纤维是无机纤维中最重要的门类之一。碳纤维的研究最早可追溯到1880 年爱迪生的早期工作，他将人造丝和赛璐珞纤维热处理后用作白炽灯的灯丝，而后来柔性钨丝的发现及广泛应用阻碍了对此的进一步研究，直至 20 世纪 50 年代为制造火箭和导弹，对耐高温增强纤维提出了高要求。1959 年，美国开始碳化黏胶长丝材料，20 世纪 60 年代初，除黏胶长丝和赛璐珞外，又成功地研制出两种原材料可用作生产碳纤维，即 PAN（聚丙烯腈）和沥青。随着经济发展的需要，现在碳纤维已成为高性能纤维中的主要品种。

碳纤维可加工成织物、毡、席、带、纸及其他材料。碳纤维除用作绝热保温材料外，一般不单独使用，多作为增强材料加入到树脂、金属、陶瓷、混凝土等材料

图与文

随着我国对碳纤维的需求量日益增长，碳纤维已被列为国家化纤行业重点扶持的新产品，成为国内新材料行业研发的热点。

中，构成复合材料。碳纤维增强的复合材料可用作飞机结构材料、电磁屏蔽除电材料、人工韧带等身体代用材料以及用于制造火箭外壳、机动船、工业机器人、汽车板簧和驱动轴等。我国碳纤维复合材料的研制开始于20世纪70年代中期，经过几十年潜心研究，已取得了长足进展，在航天主导产品（弹、箭、星、船）上得到了广泛应用。近年来，我国体育休闲用品及压力容器等领域对碳纤维的需求迅速增长，还有，航空航天技术的快速发展急需高性能碳纤维及其复合材料等，使碳纤维的市场需求更加旺盛。

■ 硼纤维

硼纤维质地柔软，直径一般在100微米左右，密度2.62克/厘米^3，熔点2 050℃。断裂强度可达280～350千克/毫米^2。硼纤维几乎不受酸、碱和大多数有机溶剂的侵蚀，绝缘性良好。硼纤维在高温下能与大多数金属起反应而变脆，使用温度超过1 200℃时强力显著下降。在应用方面，硼纤维除制成纺织材料用作宇航服和防火服外，常与金属材料或塑料制成增强复合材料，用作航空、航天器中的耐烧蚀材料和防辐射材料等。

■ 陶瓷纤维

陶瓷纤维是一种纤维状轻质耐火材料，具有重量轻、耐高温、热稳定性好、导热率低、比热容小及耐机械震动等优点，在机械、冶金、化工、石油、陶瓷、玻璃、电子等行业都得到了广泛的应用。

■图与文

陶瓷纤维制品是用陶瓷纤维为原材料制成的，具有重量轻、耐高温、热稳定性好、导热率低、比热容小及耐机械震动等优点，专门用于各种高温，高压，易磨损的环境中。

陶瓷纤维的生产工艺分为甩丝毯与喷吹毯两种。从陶瓷纤维生产历史上来看，最早诞生的是喷丝毯生产工艺，但单线的生产能力较低，年产一般为1 000～1 500吨。随着生产效率提高的要求与生产工艺

的不断探索与研究，最终发明了更先进的甩丝毯生产工艺，甩丝毯生产工艺的单条生产线的生产能力能达到喷丝毯工艺的 2 ~ 4 倍。现在我国几乎所有新建陶瓷纤维生产线都选用的是甩丝毯工艺法。

当然，喷丝纤维生产工艺也有其独特的应用，如果需要将纤维打碎后做成二次加工品（如：制作真空成型品等），喷丝纤维因纤维较细而更容易与其他原料充分混合，所以也较受欢迎。所以，甩丝毯与喷丝毯工艺各有所长，要根据实际应用取其长而避其短，以期达到最佳的效果。

陶瓷纤维主要应用在下列方面：

（1）各种隔热工业窑炉的炉门密封、炉口幕帘。

（2）高温烟道、风管的衬套、膨胀的接头。

（3）石油化工设备、容器、管道的高温隔热、保温。

（4）高温环境下的防护衣、手套、头套、头盔、靴等。

（5）汽车发动机的隔热罩、重油发动机排气管的包裹、高速赛车的复合制动摩擦衬垫。

（6）输送高温液体、气体的泵、压缩机和阀门用的密封填料、垫片。

（7）高温电器绝缘。

（8）防火门、防火帘、灭火毯、接火花用垫子和隔热覆盖等防火缝制品。

（9）航天、航空工业用的隔热、保温材料、制动摩擦衬垫。

（10）深冷设备、容器、管道的隔热、包裹。

（11）高档写字楼中的档案库、金库、保险柜等重要场所的绝热、防火隔层，消防自动防火帘。

■ 玻璃纤维

玻璃纤维是一种性能优异的无机非金属材料，它是以玻璃球或废旧玻璃为原料经高温熔制、拉丝、络纱、织布等工艺制造成的，其单丝的直径为几微米到二十几微米，相当于一根头发丝的 1/20 ~ 1/5，每束纤维原丝都由数百根甚至上千根单丝组成。玻璃纤维优点是绝缘性好、耐热性强、抗腐蚀性好，机械强度高，但缺点是性脆，耐磨性较差。通常用作复合材

玻璃纤维短切丝

料中的增强材料、电绝缘材料和绝热保温材料，电路基板等国民经济各个领域。

生产玻璃纤维的主要原料是：石英砂、氧化铝和叶蜡石、石灰石、白云石、硼酸、纯碱、芒硝、萤石等。生产方法大致分两类：一类是将熔融玻璃直接制成纤维；一类是将熔融玻璃先制成直径20毫米的玻璃球或棒，再以多种方式加热重熔后制成直径为 3 ~ 80 微米的甚细纤维。通过铂合金板以机械拉丝方法拉制的无限长的纤维，称为连续玻璃纤维，通称长纤维。通过辊筒或气流制成的非连续纤维，称为定长玻璃纤维，通称短纤维。借离心力或高速气流制成的细、短、絮状纤维，称为玻璃棉。玻璃纤维经加工，可制成多种形态的制品，如纱、无捻粗纱、短切原丝、布、带、毡、板、管等。

人类发明玻璃纤维的历史久远，古埃及人就曾在石英砂和石灰石的熔浆中快速拉出玻璃细丝，作为装饰陶器材料。17 世纪法国学者试图对玻璃纤维纺织加工，但未成功。早在 1864 年，格帕瑞就第一个用吹喷法、玻璃拉丝法将高炉渣制成玻璃纤维，此法得到的矿渣棉用作隔热或隔冷材料。发展至今，由于其具有许多特殊性能，广泛用于石油、化工、

图与文

玻璃布是用玻璃纤维织成的织物，具有绝缘、绝热、耐腐蚀、不燃烧、耐高温、高强度等性能，主要用作绝缘材料、玻璃钢的增强材料、化学品过滤布、高压蒸汽绝热材料、防火制品、高弹性传动带、建筑材料和贴墙布等。

冶金、交通、电器、电子、通信、航天等军事工程、人民生活用品的各个领域。

玻璃纤维是 20 世纪高速发展的窑炉、机械、化工、纺织等工业技术相互交叉、融合的产物，是 20 世纪方兴未艾的材料科学的组成部分。20 世纪 50 年代以后，玻璃纤维工业进入高速发展时期。在世界范围内，玻璃纤维工业保持向上的发展趋势。玻璃纤维产量按地区分布，北美（美国和加拿大）占 40% 以上，欧洲占 20%，亚洲占 35%，而南美、非洲、澳洲仅占 39%。

玻璃纤维是非常好的金属材料替代材料，随着市场经济的迅速发展，玻璃纤维成为建筑、交通、电子、电气、化工、冶金、环境保护、国防等行业必不可少的原材料。由于在多个领域得到广泛应用，因此，玻璃纤维日益受到人们的重视。玻璃纤维的用途大致可以分为如下几个方面：

（1）作复合材料的增强材料。玻璃纤维几乎和不饱和聚酯同时发明，人们发现玻璃纤维可以大幅度地提高聚酯树脂的机械强度，玻纤增强塑料（通常称为玻璃钢）工业随之诞生。第二次世界大战期间，玻璃钢立即用于制造雷达罩、飞机机身、军用盔甲等。迄今为止，玻璃纤维 70% 以上用于复合材

玻璃纤维棒

料的增强基材。玻璃钢产品 95% 以上使用玻璃纤维作为增强基材。因此，玻璃钢工业始终是玻璃纤维发展的主要动力。玻璃钢制品以防腐、轻质、防水、美观著称，广泛用在化工、石油、汽车、船舶、电气、航天航空等领域。除增强各类塑料外，玻璃纤维还广泛用于增强水泥、石膏、沥青、

橡胶等有机和无机材料。

（2）用作建筑材料。玻璃纤维作为一种新型建筑材料，近年来在建筑领域的应用不断扩大。

（3）用作过滤材料。玻璃纤维因直径小于其他各类纤维，对液体、气体阻力小、耐腐蚀、耐高温，因而成为优良过滤材料。玻璃纤维制品作为过滤材料，特别在高温气体过滤方面占有重要一席。以玻纤机织物、毡（蓬松毡、棉毡、针刺毡等）制成的除尘器，用于不同含污染物性质的烟气过滤，已大量用于炭黑、水泥、冶金工业以及焚烧烟气的除尘净化。玻璃纸、薄毡制成的过滤器，用于净化要求高的气体过滤，如人防工程、防毒面具、车辆的空气过滤和超净化室的空气处理。还可以使过滤兼有杀菌、除异味效果。新近还开发了可用来吸收环境污染物的玻纤织物。基于化学稳定性好和过滤效率高，玻纤制品也被用于润滑油、重水、饲料乃至血浆等液体的过滤净化。

（4）用作防水材料。玻璃纤维可以作为防水材料，以玻璃纤维为基材的防水材料具有防水等级高、使用寿命长、节约沥青、施工方便等特点。在美国玻璃纤维基材占总防水基材的60%以上，所用玻璃纤维占玻璃纤维总量的30%。在我国，玻璃纤维防水材料市场空间还很广阔，开发潜力很大。

（5）用作绝热材料。玻璃纤维属优质绝热材料，视成分和处理工艺，能耐400℃～1 000℃高温，是工业管道、热力设备和建筑绝热主体材料之一。

（6）用作吸声材料。吸声是玻璃纤维棉毡的又一特性，玻璃纤维棉毡是声学工程中使用的主要吸声材料，适用于室内音质、吸声降噪、隔声罩、声屏障、消声器、消声室、轻薄板墙，固体隔声以及隔振等。

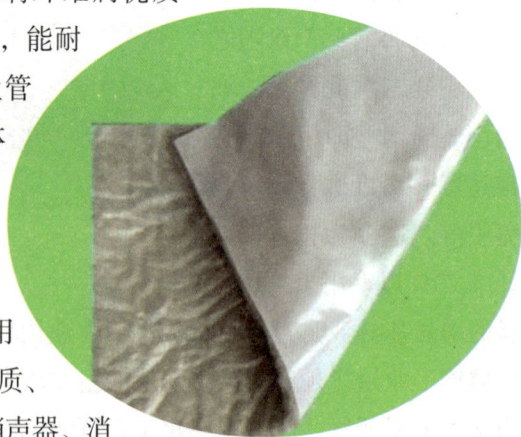

玻璃纤维棉毡

在建筑中做吸声吊板和吸声墙面，有时还和绝热装饰结合，在高速公路、铁路的音屏，地下隧道和交通工具的隔音中也越来越多地被使用。

（7）用作环境保护材料。除烟气过滤外，玻璃纤维和有机纤维材料结合加工成土工材料，可用于防水土流失；将玻璃纤维喷洒在地上可形成弹性的多孔毡，从而保护刚播种的农田免遭冲刷，此外，玻璃纤维棉毡可作为无土栽培的载体。

（8）用作生物医学功能材料。第一，可以做玻璃纤维纸，基于玻璃纤维化学稳定性好和无菌性，可用作试剂载体，与专用试剂一起做成试条，用于血液组分检查等；过滤血液时，用于滤除血液中白细胞和固体组成，也用于分离血浆和血清；还可以在一些对人体血液、尿液的检验专用仪器中使用。第二，在外科骨科方面，因浸渍专用树脂的玻纤绷带具有延伸性，用作医用绷带固定受伤骨骼，克服了敷石膏的麻烦和副作用；玻纤复合材料人造骨正在积极开发中，一些无毒、不会引起炎性反应又具有生物特性的复合材料，已通过动物试验，证明有理想的生物相容性，与原骨之间的结合强度比不锈钢还高，预期会获得成功应用。

（9）高强度玻璃纤维的应用。高强度玻璃纤维（美国称 S 纤维，法国称 R 纤维，日本称 T 纤维，我国也称为 S 纤维）与碳纤维、芳纶并驾齐驱，成为当今世界高级复合材料不可缺少的增强材料之一。由于高强度玻璃纤维具有强度高、耐热性好、耐腐蚀性强、电绝缘性能优异，已在航空航天、国防军工、电机电器、高压容器、船舶、体育运动器材、汽车、通信光缆等方面获得广泛应用。

金属纤维 >>>

金属纤维是采用特定的方法，将某些金属材料加工成的纤维。金属纤维的性能对应于所采用的金属材料及加工方法。在满足类似天然纤维、有机化学纤维的可纺性、可织性或其他某些特需加工工艺性的同时，它还有天然纤维、有机化学纤维不具备或不易具备的物理、化学性能以及某些特殊功能。例如，导电、导热、光泽、防静电、防射线辐射、防污染等等。当然，不同的纤维材料其性能必有各自不同的特征。

金属纤维作为一类新兴的且与现代产业、高科技密切联系的工程用、装饰用、服装用的一类纤维新材料，正处在深度发展之中，20世纪中、后期，欧、美、日、前苏联等在生产、产品开发及应用方面取得了较好的成效，我国在20世纪80年代开始也对实用意义大、用途广的产品进行了研制、开发。在铝涤复合丝之后，1983年研制开发成功不锈钢纤维，20多年来已取得了显著成效，在湖南、江苏、陕西等地相继建立了纤维生产基地，更多的省（市），如上海、江苏、湖南、山东、浙江、辽宁等有纺织品生产，已制成的纤维、纱线、布、服装等开始进入国际市场。

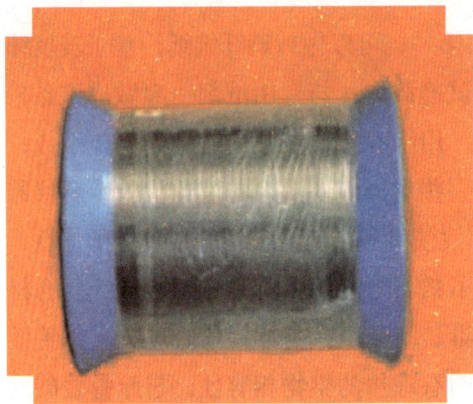

不锈钢纤维

金属纤维在外观上看有多种多样。按材质分有不锈钢、碳钢、铸铁、铜、铝、镍、铁铬铝合金、高温合金等。按形状分为长纤维、短纤维、粗纤维、细纤维、钢绒、异型纤维等。通常将金属纤维分为以下几类：

（1）金属箔和有机纤维复合丝线（纤维）。我国生产的铝涤复合丝线属此类，也是这类纤维具有代表性的一种，铝具有较好的导热性、导电性、抗氧化性，密度较小，熟铝的延展性好，可制薄膜丝与涤纶丝复合，铝箔丝最初应用于嵌镶装饰或工业方面，在我国有"金银丝"之称。

（2）金属化纤维。金属化纤维是指有机纤维表面镀有镍、铜、钴之类金属物，并用如丙烯酸类等树脂保护膜敷于其上的纤维。据介绍，金属化纤维经纺织加工成屏蔽布，对高频电磁波屏蔽率可达99.99%，当然这里有特定的织物结构设计问题。金属化纤维有导电性，也可用来制作抗静电织物等。

（3）纯金属纤维。顾名思义，纯金属纤维是指全部用金属材料制成的纤维，例如用铅、镍、不锈钢等制成的纤维。这类纤维抗腐蚀能力强，耐高温，弹性好，柔软性良好。

■ 铅纤维

用铅制成的纤维质软而密度大，有着极为广泛的用途。例如用直径150微米的铅纤维加树脂黏合成柔软的片状物体，即所谓铅纤维无纺布，再使正反面复合聚氯乙烯或正面复合聚氯乙烯、反面复合聚酯；也有正面复合聚氯乙烯、反面复合其他材料等数种方法，制成复合基布的厚度在 1 ~ 1.4 毫米之间，每平方米重量约在 3.4 ~ 3.6 千克之间。这种复合材料可用于工地噪声、交通噪声的遮障以及防共振、共鸣现象发生，防放射线辐射侵害等，是有效的隔音、制振、防放射线侵害的材料，而且克服了传统铅板重量大、强度低、施工困难等缺点。

■ 镍纤维

用 99.9% 的纯镍制成直径为 8 微米左右的纤维，可供纺织应用。通常为混纺产品的镍纤维含量很少，一般 4% ~ 5% 即可满足抑菌功能效果，我国湖南、江苏等均有含镍纤维抑菌产品开发，镍纤维可与棉、麻、丝、多种化纤混纺制成各类抑菌产品，如袜、内裤、被套、被单、抹布、手套、领带领结、帽子、病员服、医护人员工作服、口罩、纱布等，对典型病菌的抑菌率可达 99.5% 以上，黄曲霉芽孢萌发抑制率在 87% 以上。

■ 不锈钢纤维

不锈钢纤维是用不锈钢丝拉丝成的纤维，是世界开发最快、应用最广的金属纤维。不锈钢纤维可以进入量产阶段的一些先进国家和地区，如法国、比利时、日本和我国台湾省等，生产的不锈钢纤维最细达到 2 微米，一般为 8 ~ 22 微米。纺织用的 8 微米细度的不锈钢金属纤维，比一般的棉花纤维更加柔软。这样微细柔软的不锈钢纤维具有导电、吸声、过滤、耐切割、耐摩擦、耐腐蚀和耐高温等多方面的功能，而在屏蔽电磁波方面的性能更是无与伦比。

不锈钢纤维不仅在军事、国防、信息、通信方面有极重要的用途。随着人民生活水平的提高，家用电器大量进入寻常百姓家，如电视、电冰箱、洗衣机、日光灯、微波炉、电脑、电风扇、手机、电褥子、电热水器、抽油烟机和吸尘器等，不胜枚举。这些用品在给人们的生活和工作带来极大方便的同时，也带来了一般人所不易觉察的电磁波污染。早在 20 世纪 80 年代，不少科学家通过实验或调查后指出，常在电磁波环境下的工作者，其危险性比一般人高 2 倍，电磁波对人类所造成的伤害，常见的有头痛、神经衰弱、记忆力减退、食欲不振、手脚麻痹、眼痛、耳鸣、视力模糊、心悸、贫血等等。其主要原因是电磁效应使人的细胞改变，电流通过细胞间质，使细胞电位变形。研究证明，在屏蔽电磁波的伤害上，以短纤混纺不锈钢梭织布为最佳。随着不锈钢混纺比率的增加，其屏蔽率亦随之增加，功能也越好。据测试，由 1% 不锈钢纤维制成的梭织布，在 1 800 百万赫兹环境下的电磁屏蔽率为 88.86%，在 2 450 百万赫兹下则有 92.33% 的屏蔽率；而含 3% 不锈钢金属纤维的梭织布，在 1 800 百万赫兹下有 98.43% 的屏蔽率，在 2 450 百万赫兹下有 98.49% 的屏蔽率；至于混纺 5% 的不锈钢纤维，其产品均有 99% 以上的电磁屏蔽率。在抗高频方面，由于分贝值的不同，其屏蔽电磁波的效果亦不同。

不锈钢纤维以混纺制作一般服饰和特殊工作服，其应用非常普遍。一般服饰的产品有内衣、衣服衬料、衬垫、裙子、短罩衫、套服、裤子、制服、礼服、校服、职业服装等。特殊工装中的防爆服，可适用于石油、煤气、天然气、化学药品、运输、涂料等行业的职工穿用。而传导性工作服则适于电力公司、各行业电工作业。无尘实验工作装适用于半导体、电子、薄膜、照相、光学、精密工业、食品生产、制药、化妆品加工、医疗、电脑室等工作人员。

再生纤维

再生纤维是用天然高分子为原料，经化学方法制成的与天然高分子化学组成基本相同的化学纤维。它包括再生纤维素纤维和再生蛋白质纤维。

19 世纪的工业革命使世界纺织产业有了很大的发展，19 世纪末期再生纤维素纤维在工业革命的浪潮中横空出世。作为再生纤维素纤维代表的黏胶纤维 1891 年实现工业化，到 1947 年其产量与羊毛并列，因制造工艺存在环境污染问题，在 20 世纪后期有所下降。再生蛋白质纤维是从乳酪、大豆、玉米、花生等中提取蛋白质，制成黏稠的纺丝溶液，经喷丝头挤压入凝固浴中凝固成的蛋白质纤维。

再生纤维素纤维 〉〉〉

■ 黏胶纤维

黏胶纤维是黏纤的全称。它又分为黏胶长丝和黏胶短纤。黏胶纤维是先将植物纤维素制成纤维素黄酸酯，溶解于稀碱液中制成黏胶，从喷丝孔挤压入凝固浴，经过凝固和分解成为再生纤维素纤维。

由于采用不同的原料和纺丝工艺，可分别制得普通黏胶纤维、高湿模量黏胶纤维和高强力黏胶纤维等。普通黏胶纤维又可分为棉型、毛型、中长型，俗称人造棉、人造毛和人造丝。高

■ 图与文

在 12 种主要纺织纤维中，黏胶纤维的含湿率最符合人体皮肤的生理要求，具有光滑凉爽、透气、抗静电、染色绚丽等特性。

湿模量黏胶纤维具有较高的强力、湿模量，其代表产品为富强纤维。高强力黏胶纤维具有较高的强力和耐疲劳性能。

黏胶纤维主要有下列性能特征：

（1）黏胶纤维的断裂强度较棉小；断裂伸长率比棉大；黏胶纤维的湿强力下降很大，仅为干强的 50% 左右。湿态长丝的伸长率增加 50% 左右。

（2）黏胶纤维的弹性恢复能力差，尺寸稳定性差，耐磨性差。

（3）黏胶纤维的密度小于棉纤维而大于毛纤维。

（4）黏胶纤维的结构松散，是常见化学纤维中吸湿能力最强的纤维。

（5）黏胶纤维的染色性很好，染色的色谱很全，可以染成各种鲜艳的颜色。

（6）黏胶纤维的耐碱性较好，但不耐酸。其耐酸碱性均不如棉纤维。

（7）黏胶纤维的耐热性和热稳定性较好。

（8）因黏胶纤维的吸湿能力很强，比电阻低，抗静电性能很好。

（9）黏胶纤维的耐光性一般，与棉纤维相近。

黏胶纤维因其吸湿好，穿着舒适，可纺性好，可与棉、毛及其他合成纤维混纺、交织，用于各类服装及装饰用品。高强力黏胶纤维还用于作轮胎帘子线、运输带等产业用纺织品。黏胶纤维是一种应用十分广泛的化学纤维。

■ 铜氨纤维

铜氨纤维是一种再生纤维素纤维，它是将棉短绒等天然纤维素原料溶解在氢氧化铜或碱性铜盐的浓氨溶液内，配成纺丝液，在凝固浴中铜氨纤维素分子化学物分解再生出纤维素，生成的水合纤维素经后加工即得到铜氨纤维。

铜氨纤维具有如下特征：

（1）铜氨纤维干强较大，与黏胶纤维的干强相近。

（2）铜氨纤维吸湿性较强，与黏胶纤维相近。

（3）铜氨纤维的染色性很好，染色的色谱很全，可以染成各种鲜艳的颜色，制成各种高档丝织和针织物。

（4）铜氨纤维能被热稀酸或冷浓酸溶解，遇稀碱液则轻微损伤，强碱能使纤维膨化及强度损失，最后溶解。铜氨纤维一般不溶解于有机溶剂。

（5）铜氨纤维耐热性和热稳定性较好，但与黏胶纤维一样容易燃烧，在180℃时枯焦。

（6）因铜氨纤维的吸湿能力很强，比电阻低，抗静电性能很好。

（7）铜氨纤维的耐光性一般，与棉纤维、黏胶纤维相近。

铜氨纤维柔软纤细，光泽柔和，常常用于作高档丝织或针织物。特别适用于与羊毛、合成纤维混纺或纯纺，做高档针织物，如做针织和机织内衣、女用袜子以及丝织缎绸女装衬衣、风衣、裤料、外套等。

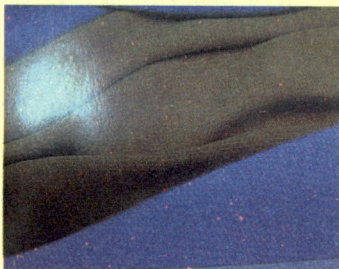

目前在世界上有美国、英国、日本、德国、意大利等国家生产铜氨纤维产品。

■ 醋酯纤维

醋酯纤维又称醋纤、乙酸纤维或乙酸纤维素纤维，是人造纤维的一种，是用纤维素为原料，经化学成法转化成醋酸纤维素酯制成的化学纤维。醋酯纤维耐光性较好，但染色性能较差。一般制成短纤维，可用作人造毛，也可制成强力乙酯纤维。醋酯纤维可根据乙酰化处理的程度不同分为二醋酯纤维和三醋酯纤维。

醋酯纤维具有如下特征：

（1）二醋酯纤维的强度较黏胶纤维的断裂强度小；三醋酯纤维的断裂伸长率比黏胶纤维大。

（2）醋酯纤维的耐磨性能较差。

（3）醋酯纤维的密度小于黏胶纤维，二醋酯纤维为 1.32 克／厘米^3，三醋酯纤维为 1.30 克／厘米左右。

（4）醋酯纤维的吸湿能力比黏胶纤维小，在通常大气条件下，二醋酯纤维回潮率（表示纺织材料吸湿程度的指标。以材料中所含水分重量占干燥材料重量的百分数表示。）在 6.5% 左右，三醋酯纤维回潮率在 4.5% 左右。

（5）醋酯纤维的吸湿能力较小，染色性能较黏胶纤维差，染色难度较大，通常采用分散性染料和特种染料染色。

（6）醋酯纤维对稀碱和稀酸具有一定的抵抗能力，但对于浓碱会使纤维皂化分解，纤维在浓碱中会发生裂解。

（7）醋酯纤维属于热塑性纤维，二醋酯纤维在 140℃～150℃开始变形，软化点 200℃～230℃，熔点为 260℃～300℃。三醋酯纤维的软化点为 260℃～300℃，所以醋酯纤维的耐热性和热稳定性较好，具有持久的压烫整理性能。

■ 图与文

醋酯纤维性能优良，醋酯短丝可以经水刺制成无纺布，用于外科手术包扎。与伤口不粘连，特别适用于烫伤和皮肤接触的敷料和病人服，是高级医疗卫生材料，也可制成擦布及特殊纸。

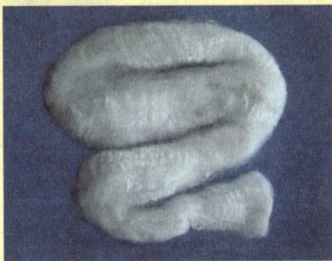

（8）醋酯纤维具有一定的吸湿能力，比电阻较小，抗静电性能较好。

（9）醋酯纤维的耐光性一般，与棉纤维相近。

醋酯纤维吸湿能力较黏胶纤维低，不易污染，洗涤容易，且手感柔软，弹性好，不易起皱，故较适合于制作妇女用服装面料、衬里料、贴身女衣裤等，也可与其他纤维交织生产各种绸缎制品。

■ 天丝纤维

天丝纤维是一种新型再生纤维素纤维，它来自树木内的纤维素，通过采用有机溶剂（NMMO）纺丝工艺，在物理作用下完成，整个制造过程无毒、无污染。故誉为"21 世纪的绿色纤维"。

天丝纤维具有如下性能特征：

（1）天丝纤维无论在干或湿的状态下，均极具韧性。在湿的状态下，它是一种湿强力大于棉的纤维素纤维。天丝纤维的应力应变特点使它与纤维素纤维间抱合力较大，较易混纺。高湿模量使天丝纤维织物缩水率很低，其纱线缩水率仅为 44%。天丝纤维高强度适于制造超细纤维。

（2）天丝纤维的吸湿性仅次于黏胶纤维，在通常大气条件下回潮率在 11% 左右。

（3）天丝纤维染色能力强，可进行漂白和染色工艺进行加工，且印染

效果很好。

（4）天丝纤维的化学性质与纯纤维素纤维相同，故具有与棉、黏胶纤维等的耐酸碱性和化学稳定性。

（5）天丝纤维具有棉、麻等纤维素纤维的耐热及热稳定性。

（6）天丝纤维有良好的抗静电性能。

（7）天丝纤维圆形截面和纵向良好的外观，使天丝纤维织物具有丝绸般的光泽，优良的手感和悬垂性，服装具有飘逸感。

天丝纤维具有柔软悬垂、触感独特、飘逸动感、透气透湿、素雅光泽等特点，给人以满足、安全、充满质感、高贵大方的感觉。天丝纤维以纯天然材料，环保的制造流程，让生活方式以保护自然环境为本，完全迎合现代消费者的需求。通过对原纤化的控制，可做成桃皮绒、砂洗、天鹅绒等多种表面效果的织物。

图与文

天丝的床上用品的服用性能非常好，具有柔软、舒适、透气性好、光滑凉爽、悬垂性好，耐穿耐用等特点。

■ 丽赛纤维

丽赛纤维是采用日本专有技术及原料体系生产的纤维，是具有优异综合性能的植物再生纤维素纤维。纤维原料源于日本的天然针叶树精制木浆，资源可再生，废弃物可自然降解，安全环保。丽赛纤维具有高强度、高湿模量、高聚合度和适当的伸度，吸湿性好。丽赛纤维织物尺寸稳定性较好，收缩率较小，较耐洗、耐穿；色泽鲜艳，悬垂性好；丽赛纤维的耐碱性好，与棉混纺织物还可进行丝光处理，改善织物手感与光泽，具有很好的市场前景。

丽赛纤维具有如下性能特征：

（1）丽赛纤维具有高强度、高湿模量、高聚合度和适当的伸长能力，而且具有很高的湿强度和良好的干态伸长能力，其织物具有良好的尺寸稳定性。

（2）丽赛纤维的吸湿性好，在通常大气条件下，回潮率在11%左右。高的吸湿能力，使该纤维的织物具有良好的舒适感。

（3）丽赛纤维可染性好，鲜艳度极佳，适合所有染整工艺及染料染色。

（4）丽赛纤维具有较强的耐碱性，与棉混纺时，可做丝光处理，使混纺织物更具有特色。

（5）丽赛纤维具有纤维素纤维良好的热稳定性。

（6）丽赛纤维具有纤维素纤维良好的抗静电性能。

丽赛纤维织制的织物尺寸稳定性较好，收缩率较小，较耐洗、耐穿，色泽鲜艳，悬垂性好，手感滑糯，穿着舒适、美观，再加上市场价格低廉，因此具有很好的市场前景。

■ 竹原纤维

竹纤维就是从自然生长的竹子中提取出的一种纤维素纤维，竹纤维是继棉、麻、毛、丝之后的第五大天然纤维。竹纤维具有良好的透气性、瞬间吸水性、较强的耐磨性和良好的染色性等特性，同时又具有天然抗菌、抑菌、除螨、防臭和抗紫外线功能。因此，竹纤维是一种真正意义上的天然环保型绿色纤维。

竹原纤维

竹原纤维是竹纤维最重要的竹纤维，是一种全新的天然纤维，是采用物理、化学相结合的方法制取的天然竹纤维，它是继麻纤维之后又一具有发展前景的生态功能性纤维。天然竹原纤维与竹浆纤维有着本质的区别，竹原纤维属于天然纤维，竹浆纤维属于化学纤维。天然竹原纤维具有吸湿、透气、抗菌抑菌、除臭、防紫外线等良好的性能。

竹原纤维具有较强的抗菌和杀菌作用，其抗菌效果是任何人工添加化学物质所无法比拟的，天然、环保、持久、保健等特点与人工加工的抗菌纤维截然不同，且其抗菌效果具有一定的光谱效应。由于竹原纤维中含有叶绿素铜钠，因而具有良好的除臭作用。实验表明，竹原纤维织物对氨气的除臭率为70%～72%，对酸臭的除臭率达到93%～95%。另外，叶绿素铜钠是安全、优良的紫外线吸收剂，因而竹原纤维织物具有良好的防紫外线功效。

经扫描电子显微镜观察，竹原纤维纵向有横节，粗细分布很不均匀，纤维表面有无数微细凹槽。横向为不规则的椭圆形、腰圆形等，内有中腔，横截面上布满了大大小小的空隙，且边缘有裂纹，与苎麻纤维的截面很相似。竹原纤维的这些空隙、凹槽与裂纹，犹如毛细管，可以在瞬间吸收和蒸发水分，故被专家们誉为"会呼吸的纤维"，用这种纯天然竹原纤维纺织成面料及加工制成的服装服饰产品吸湿性强、透气性好，有清凉感。

竹纤维可以与棉、毛、麻、绢及化学纤维进行混纺，用于机织或针织，生产各种规格的机织面料和针织面料。机织面料可用于制作夹克衫、休闲服、西装套服、衬衫、床单和毛巾、浴巾等。针织面料适宜制作内衣、汗衫、T恤衫、袜子等，竹原纤维含量30%以下的竹棉混纺纱线更适合于内裤、袜子，还可以用于制作医疗护理用品。据报道，日本某竹制品公司（BAN）开发了用爆碎机从青竹中取出纤维的技术。该技术的特点是在170℃～180℃以上的高温蒸煮。继而，瞬间降压使竹爆碎。反复数次，使连

图与文

竹纤维具有良好的透气性、瞬间吸水性、较强的耐磨性和良好的染色性等特性，同时又具有天然抗菌、抑菌、除螨、防臭和抗紫外线功能，是一种真正意义上的天然环保型绿色纤维。

接竹纤维的半纤维素分解。经过两个多小时的处理可以得到占青竹重量35% ~ 40% 的竹纤维。进一步进行粉碎处理加工，可以得到棉花状和羊毛状的纤维，与天然棉和羊毛相比，手感稍硬一些。利用其特性可使竹纤维成为医疗用品，羊毛型竹纤维可制成非织造布作为汽车的内装饰用。

竹纤维虽然有诸多优点，但也有它的弱点。在加工工艺上，再生竹纤维生产工艺过程过长，对环境污染严重等问题。环保问题成了发展再生竹纤维的最大弊端，且其加工过程对竹材原料特性的破坏也是不可忽视的。因此，再生竹纤维的加工技艺有待完善。

对于天然竹纤维的制取主要有两个难点：一是竹子单纤维太短，无法纺纱；二是纤维中的木质素含量很高，难以除去。常规的化学脱胶方法工艺流程长，周期长，需消耗大量的能量，且设备腐蚀较严重，对环境污染极为严重，加工出的纤维质量不够稳定。而生物脱胶法也有相当大的难度，由竹材自身结构紧密，密度很大，而且细胞组织中又有大量空气存在，浸渍液很难浸透，势必延长脱胶时间，且竹子本身具有多种抑菌物质，菌种的选择也有较困难，因此有待于进一步的研究和探索。在织造过程中，由于竹纤维易吸湿、湿伸长大以及塑性变形大的特点，极易脆断。成衣制造中100%的竹纤维还没有很好地解决缩水性问题，手感与悬垂性也有待改善。纤维鉴别和检测技术相对滞后，没有找到行之有效的方法区分出竹纤维和麻类纤维，因此，市场上不乏有以麻代竹的现象。如何克服以上的不足，进一步推进竹纤维的产业化，将是今后研究的重点。

■ 竹浆纤维

竹浆纤维是以竹子为原料，经特殊的高科技工艺处理，把竹子中的纤维素提取出来，再经纺丝液制备、纺丝等工序制造而成的再生纤维素纤维。

竹浆纤维分为两类，一类是天然竹纤维，一类是化学竹纤维。

竹原纤维是采用物理、化学相结合的方法制取的天然竹纤维。其制取过程：竹材→制竹片→蒸竹片→压碎分解→生物酶脱胶→梳理纤维→纺织用纤维。

化学竹纤维包括竹浆纤维和竹炭纤维。竹浆纤维是一种将竹片打成浆，

然后将浆做成浆粕再湿法纺丝制成纤维，其制作加工过程基本与黏胶相似。但在加工过程中竹子的天然特性遭到破坏，纤维的除臭、抗菌、防紫外线功能明显下降。竹炭纤维是选用纳米级竹香炭微粉，经过

■ 图与文

彩色竹浆纤维采用了独特的染色工艺，即采用纺前注射的方式，将微米级颜料直接加入到黏胶中，并通过动静态双重混合的方式予以充分搅拌均匀。

特殊工艺加入黏胶纺丝液中，再经近似常规纺丝工艺纺织出的纤维产品。

竹浆纤维具有如下性能特征：

（1）竹浆纤维的强度较黏胶纤维高，有良好的抗起球和抗皱性。

（2）竹浆纤维的结构为多孔隙网状结构，它的吸湿性透气性比其他黏胶纤维要好，给人一种排汗凉爽的感觉，在通常大气条件下回潮率为11%左右。

（3）竹浆纤维具有多孔隙网状结构，可以在水中瞬时润涨，使活性染料这种水溶性极好而分子又较小的染料能迅速吸附于竹浆纤维，并能迅速在竹浆纤维中扩散，染色均匀。因此，竹浆纤维活性染色性能优良，其上染百分率较高，半染时间短，色泽鲜艳，匀染性好，固色率高，牢度优良。

（4）竹浆纤维对无机酸的稳定性比黏胶纤维要小，温度升高时，酸的破坏作用特别强烈。竹浆纤维在碱中的膨润和溶解作用较强，在相同条件碱对竹浆纤维渗透性要比普通黏胶纤维大，因此耐碱性较差。

（5）竹浆纤维有较强的耐热性，普通黏胶纤维有较高的耐热性，且高于棉花，竹浆纤维的耐热性优于普通黏胶纤维。

（6）竹浆纤维具有纤维素纤维良好的抗静电性能。

（7）竹子在生长过程中，无虫无蛀无腐蚀，在大自然中有很好的自我保护性，具有天然抗菌性的物质，能抵抗外界病虫害。竹纤织物对

200～400纳米的紫外线透过率几乎为零，可以看出竹浆纤维织物有很好的对紫外线屏蔽作用，从而保证人体不受紫外线的伤害。

（8）在正常的温度条件下，竹浆纤维及其纺织品具有很好的稳定性，但在一定环境和条件下，竹浆纤维可分解成二氧化碳和水。

竹浆纤维是继天丝、大豆蛋白纤维、甲壳纤维等产品之后又一种新型纺织原料，它具有手感柔软、悬垂性好、吸放湿性能优良、染色亮丽等特性，因此在纺织领域应用十分广泛。其良好的可纺性和服用性已产生较大的社会效益和显著的经济效益。

■ 莫代尔纤维

莫代尔纤维是一种黏胶纤维的纤维素再生纤维，该纤维的原料采用欧洲的榉木，先将其制成木浆，再通过专门的纺丝工艺加工成纤维。莫代尔纤维与棉一样同属纤维素纤维，是纯正的天然纤维。莫代尔纤维属于改进的粘胶纤维，它具有更高的聚合度，纤维的实用价值提高。

■图与文

莫代尔纤维光泽、柔软、吸湿、易染色，用它所做成的面料，展示了一种丝面光泽，具有宜人的柔软触摸感觉和悬垂感以及极好的耐穿性能。

莫代尔纤维具有如下性能特征：

（1）莫代尔纤维的强度高于黏胶纤维而较天丝纤维低，干态断裂伸长率比黏胶纤维小，纤维弹性较好，但耐磨性能较差。

（2）莫代尔纤维的吸湿能力比棉大50%，与黏胶纤维相近。在通常大气条件下，其回潮率在13%左右。

（3）莫代尔纤维的染色性能较好，吸色透彻，色牢度好，因此织物色泽鲜艳、亮丽。

（4）莫代尔纤维化学性质与纯纤维素纤维相同，具有与棉、黏胶纤维等的耐酸碱性和化学纤维稳定性。

（5）莫代尔纤维具有棉、麻等纤维素纤维的耐热及热稳定性。

（6）莫代尔纤维的比电阻低，有良好的抗静电性能。

（7）莫代尔纤维柔滑、光洁，是一种天然的丝光棉，因此莫代尔织物手感特别光滑、有光泽。

由于莫代尔纤维的线密度低，纤维柔软，织物悬垂性好，吸湿透气，表面细腻，具有良好的手感和外观等，从而多用于制作内衣。莫代尔在机织物的织造过程中也可体现其可织性，也可以和其他纤维的纱进行交织，从而织成各种各样的织物。为了改善莫代尔织物的挺括性和保型性较差的特点，可将它与其他纤维混纺、交织来改善，以发挥不同纤维的特点，取得最佳服饰利用效果。

再生蛋白质纤维 〉〉〉

■ 大豆蛋白纤维

大豆蛋白纤维属于再生植物蛋白纤维类，是以榨过油的大豆豆粕为原料，利用生物工程技术，提取出豆粕中的球蛋白，通过添加功能性助剂，与腈基、羟基等高聚物共聚、共混，制成一定浓度的蛋白质纺丝液，然后改变蛋白质空间结构，经湿法纺丝而成。

大豆蛋白纤维有着羊绒般的柔软手感，蚕丝般的柔和光泽，棉的保暖性和良好的亲肤性等优良性能，还有明显的抑菌功能，被誉为"新世纪的健康舒适纤维"、"人造羊绒"。

大豆蛋白纤维既

■ 图与文

以50%以上的大豆蛋白纤维与长绒棉混纺，用于生产春、秋、冬季的薄型绒衫，其滑糯、轻盈、柔软，能保留精纺面料的光泽和细腻感，增加滑糯手感。

具有天然蚕丝的优良特性，又具有合成纤维的力学性能，可在棉纺、绢纺、毛纺（羊绒）等生产设备上纺纱，能与其他天然纤维和化学纤维混纺交织开发针织产品（内衣、外衣、袜子等）和机织产品（服装面料、床上用品等）。此纤维本身呈现米黄色，难以漂白，色泽鲜艳度较差，耐湿热性差，在染整加工中应注意温度控制等关键技术问题。

　　用大豆蛋白纤维制作的面料柔软滑爽、透气爽身、悬垂飘逸，具有独特的润肌养肤、抗菌消炎穿着功能。用大豆蛋白纤维与真丝交织或与绢丝混纺制成的面料，既能保持丝绸亮泽、飘逸的特点，又能改善其悬垂性，消除产生汗渍及吸湿后贴肤的特点，是制作睡衣、衬衫、晚礼服等高档服装的理想面料。此外，大豆蛋白纤维与亚麻等麻纤维混纺，是制作功能性内衣及夏季服装的理想面料；与棉混纺的面料是制造高档衬衫、高级寝卧具的理想材料；或者加入少量氨纶，手感柔软舒适，用于制作T恤、内衣、沙滩装、休闲服、运动服、时尚女装等，极具休闲风格。

■ 牛奶蛋白纤维

　　牛奶蛋白纤维是一种有别于天然纤维、再生纤维和合成纤维的新型动物蛋白纤维，又叫牛奶丝、牛奶纤维，是以牛乳作为基本原料，经过脱水、脱油、脱脂、分离、提纯，使之成为一种具有线型大分子结构的乳酪蛋白，再与聚丙烯腈采用高科技手段进行共混、交联，制备成纺丝原液，最后通过湿法纺丝成纤、固化、牵伸、干燥、卷曲、定形、短纤维切断（长丝卷绕）而成的。

　　牛奶蛋白纤维面料柔软滑爽，悬垂飘逸，具有丝绸一样的手感和风格。该纤维的原料含有多种氨基酸，纤维织物贴身穿

■图与文

　　牛奶蛋白纤维甲醛含量为零，富含对人体有益的18种氨基酸，能促进人体细胞新陈代谢，防止皮肤衰老、瘙痒，营养肌肤。具有广谱抑菌功能，抗菌率达80%以上。

着润滑，具有滋养功效，质地轻盈、柔软、滑爽，穿着透气，制成的服装具有润肌养肤、抗菌消炎的独特功能，是制作儿童服饰和女士内衣的理想面料。牛奶蛋白纤维可以纯纺，也可以和羊绒、蚕丝、绢丝、棉、毛、麻等纤维进行混纺，织成具有牛奶纤维特性的织物，可开发高档内衣、衬衫、家居服饰、男女T恤、牛奶羊绒裙、休闲装、家纺床上用品等。

■ 蚕蛹蛋白纤维

蚕蛹蛋白纤维是综合利用生物工程技术、化纤纺丝技术、高分子技术将从蚕蛹中提取的蛋白同天然纤维素按比例共混纺丝，在特定的条件下形成的生物质蛋白纤维，其优良动物蛋白质富集于纤维表面，形成纤维皮层，天然植物纤维在内层，形成纤维的芯层。其主要成分是蚕蛹蛋白和天然纤维素

蚕蛹蛋白纤维

（棉、木、竹等），其组分一般为 10% ~ 40% 的蚕蛹蛋白，90% ~ 60% 的天然纤维素。

蚕蛹蛋白纤维具有较好的吸湿性、透气性，手感柔软、悬垂性好，但湿强力较低。蚕蛹蛋白纤维本身呈现较深黄色，这会影响纺织品色泽鲜艳度。可采用活性、酸性、中性等染料染色，在染整加工中要注意它对酸、碱的敏感性，合理制定加工工艺。

第三章

高科技纤维

伴随着高新技术与纤维科学基础理论的发展及技术积累,一系列的具有高功能、高性能的高科技纤维相继问世。现代纤维技术的发展,使高分子合成纤维材料走过了从大宗材料到结构材料、功能材料直到生命材料的发展道路,已是一门学科间高度交叉、高度融合的新兴边缘学科。如今纤维材料已不仅用以满足人们服饰的需要,而且可以满足经济各产业对纤维材料高功能和高性能的要求。高科技纤维已经应用于纺织工业、能源和交通工程、军事和航天航空工程、生物医学工程、建筑材料和建筑工程、农业工程及工业等各个领域。

差别化纤维

差别化纤维指有别于普通常规性能的化学纤维，即通过采用化学或物理等手段后，其结构、形态等特性发生改变，从而具有了某种或多种特殊功能的化学纤维。主要包括阳离子高收缩纤维、异型纤维、双组分低熔点纤维、复合超细纤维、高吸湿透湿纤维、有色纤维、光导纤维、活性炭纤维、离子交换纤维、超细纤维片材、纳米纤维以及高导湿、抗静电、导电、抗菌防臭、防辐射等多功能复合纤维。差别化纤维以改进织物服用性能为主，主要用于服装和装饰织物。采用这种纤维可以提高生产效率、缩短生产工序，且可节约能源，减少污染，增加纺织新产品。

易染纤维 〉〉〉

高温易染涤纶短纤维

易染纤维是指可以用不同类型的染料染色，且在采用染料染色时，染色条件要求较低，色谱齐全，染色色泽均匀且坚牢度好。为此，对大多数不易染色的合成纤维采用单体共聚、聚合物共混或嵌段共聚的方法得到易染合成纤维。现已开发的易染纤维有常温常压无载体可染聚酯纤维、阳离子染料可染聚酯纤维、常压阳离子染料可染聚酯纤维、酸性染料可染聚酯纤维、酸性染料可染聚丙烯腈纤维、可染深色的聚酯纤维和易染聚丙烯纤维等。

异形纤维 〉〉〉

异形纤维也称异形截面纤维，通常是指非圆形截面的纤维，是采用特殊形状的喷丝孔来获得各种横截面的异形纤维。异形纤维的截面可以是三角形、星形、多叶形等。由于纤维的截面形状直接影响最终产品的光泽、耐污性、蓬松性、耐磨性、导湿性等特性，因此人们可以通过选用不同截面来获得不同外观和性能的产品。

横截面呈扁平状，所纺制的织物表面丰满、光滑，具有干爽感。十字形和H形截面的异形纤维分别有4条和2条沟槽，沟槽具有毛细管作用，其织物可迅速导湿排汗。三角形截面的纤维具有蚕丝的闪光效应。五角形截面的异形短

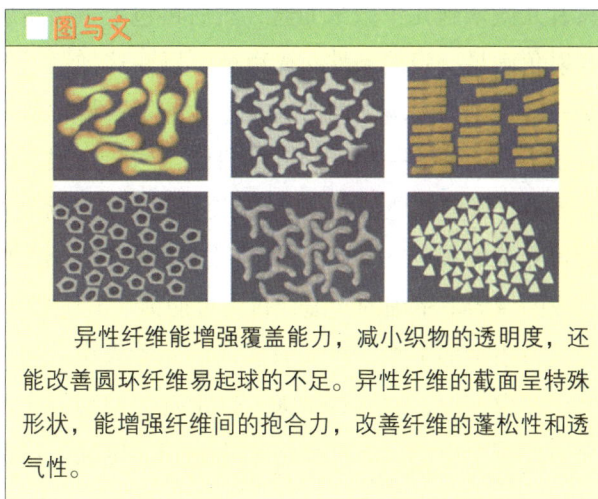

■图与文

异性纤维能增强覆盖能力，减小织物的透明度，还能改善圆环纤维易起球的不足。异性纤维的截面呈特殊形状，能增强纤维间的抱合力，改善纤维的蓬松性和透气性。

纤维光泽柔和，其制品具有毛型感，用于绒类织物，其绒毛蓬松竖立，手感丰满，光泽别致。中空截面异形纤维，与普通纤维相比透气、透湿性能增加，而且质轻蓬松、保暖性好，将其制成各种长度的短纤维再与黏胶纤维或棉纤维混纺制成的织物，无论手感、弹性、保暖性都与毛织物类似，穿着舒适。

光导纤维 〉〉〉

光缆是光通信线路采用的缆线，光缆由像头发丝那样细的透明玻璃纤

维制成。在玻璃纤维中传导的不是电信号，而是光信号，在光缆中，光像电流一样沿着导线传输，故称其为光导纤维，又叫光学纤维，简称光纤。远距离通信的效率高，容量极大，抗干扰能力极强。

1870年，英国科学家丁达尔做了一个有趣的实验：让一股水流从玻璃容器的侧壁细口自由流出，以一束细光束沿水平方向从开口处的正对面射入水中。丁达尔发现，细光束不是穿出这股水流射向空气，而是顺从地沿着水流弯弯曲曲地传播。这是光的反射造成的结果。光导纤维正是根据这一原理制造的。它的基本原料是廉价的石英玻璃，科学家将它们拉成直径只有几微米到几十微米的丝，然后再包上一层折射率比它小的材料。只要入射角满足一定的条件，光束就可以在这样制成的光导纤维中弯弯曲曲地从一端传到另一端，而不会在中途漏射。科学家将光导纤维的这一特性首先用于光通信。一根光导纤维只能传送一个很小的光点，如果把数以万计的光导纤维整齐地排成一束，并使每根光导纤维在两端的位置上一一对应，就可做成光缆。用光缆代替电缆通信具有无比的优越性。比如20根光纤组成的像铅笔精细的光缆，每天可通话7.6万人次，而1 800根铜线组成的像碗口粗细的电缆，每天只能通话几千人次。光导纤维不仅重量轻、成本低、敷设方便，而且容量大、抗干扰、稳定可靠、保密性强。因此光缆正在取代铜线电缆，广泛地应用于通信、电视、广播、交通、军事、医疗等许多领域，难怪人们称誉光导纤维为信息时代的神经。我国自行研制、生产、建设的世界最长的京汉广（北京、武汉、广州）通信光缆，全长3 047千米，已于1993年10月15日开通，标志我国已进入全面应用光

■图与文

光导纤维的基本成分是石英，只传光，不导电，不受电磁场的作用，在其中传输的光信号不受电磁场的影响，故光纤传输对电磁干扰、工业干扰有很强的抵御能力。

通信的时代。

光纤传导光的能力非常强，能利用光缆通讯，能同时传播大量信息。例如一条光缆通路同时可容纳 10 亿人通话，也可同时传送多套电视节目。光纤的抗干扰性能好，不发生电辐射，通讯质量高，能防窃听。光缆的质量小而细，不怕腐蚀，铺设也很方便，因此是非常好的通讯材料。许多国家已使用光缆作为长途通讯干线。我国也开始生产光导纤维，并在部分地区和城市投入使用。随着时代的进步和科学的发展，光纤通讯必将大为普及。

光纤除了可以用于通讯外，还可以用于医疗、信息处理、传能传像、遥测遥控、照明等许多方面。例如，可将光导纤维内窥镜导入心脏，测量心脏中的血压、温度等。在能量和信息传输方面，光导纤维也得到了广泛的应用。

光纤传输有许多突出的优点，主要体现在以下几个方面：

（1）频带宽。频带的宽窄代表传输容量的大小。载波的频率越高，可以传输信号的频带宽度就越大。在 VHF 频段，载波频率为 48.5～300MHz。带宽约 250MHz，只能传输 27 套电视和几十套调频广播。可见光的频率达 100 000GHz，比 VHF 频段高出 100 多万倍。尽管由于光纤对不同频率的光有不同的损耗，使频带宽度受到影响，但在最低损耗区的频带宽度也可达 30 000GHz。单个光源的带宽只占了其中很小的一部分（多模光纤的频带约几百兆赫，好的单模光纤可达 10GHz 以上），采用先进的相干光通信可以在 30 000GHz 范围内安排 2 000 个光载波，进行波分复用，可以容纳上百万个频道。

（2）损耗低。在同轴电缆组成的系统中，最好的电缆在传输 800MHz 信号时，每千米的损耗都在 40dB（分贝）以上。相比之下，光导纤维的损耗则要小得多，传输 1.31um 的光，每千米损耗在 0.35dB 以下，若传输 1.55um 的光，每千米损耗更小，可达 0.2dB 以下。这就比同轴电缆的功率损耗要小 1 亿倍，使其能传输的距离要远得多。此外，光纤传输损耗还有两个特点，一是在全部有线电视频道内具有相同的损耗，不需要像电缆干线那样必须引入均衡器进行均衡；二是其损耗几乎不随温度而变，不用担心因环境温度变化而造成干线电平的波动。

（3）重量轻。因为光纤非常细，单模光纤芯线直径一般为 4 ~ 10um，外径也只有 125um，加上防水层、加强筋、护套等，用 4 ~ 48 根光纤组成的光缆直径还不到 13mm，比标准同轴电缆的直径 47mm 要小得多，加上光纤是玻璃纤维，密度小，使它具有直径小、重量轻的特点，安装十分方便。

（4）抗干扰能力强。因为光纤的基本成分是石英，只传光，不导电，不受电磁场的作用，在其中传输的光信号不受电磁场的影响，故光纤传输对电磁干扰、工业干扰有很强的抵御能力。也正因为如此，在光纤中传输的信号不易被窃听，因而利于保密。

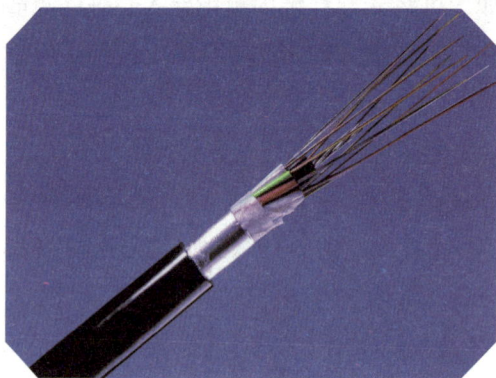
光纤

（5）保真度高。因为光纤传输一般不需要中继放大，不会因为放大引入新的非线性失真。只要激光器的线性好，就可高保真地传输电视信号。远高于一般电缆干线系统的非线性失真指标。

（6）性能可靠。一个系统的可靠性与组成该系统的设备数量有关。设备越多，发生故障的机会越大。因为光纤系统包含的设备数量少（不像电缆系统那样需要几十个放大器），可靠性自然也就高，加上光纤设备的寿命都很长，无故障工作时间达 50 万 ~ 75 万小时，其中寿命最短的是光发射机中的激光器，最低寿命也在 10 万小时以上。故一个设计良好、正确安装调试的光纤系统的工作性能是非常可靠的。

导电纤维 〉〉〉

导电纤维是随着科学技术的发展，要求纤维材料具有传导电的功能而产生，现今已发展为可通过不同导电材料和制备技术使导电纤维多品种、多结构和多功能，以服装的静电释放为起点，用途不断拓宽，并渗入到智能服装和隐身技术等尖端领域。

导电纤维品种较多，难以简单而明确地加以分类，但可按导电成分及其在纤维中的分布状态综合分为金属纤维、碳纤维、非导电聚合物导电成分包覆型纤维、非导电聚合物导电成分复合型纤维、导电聚合物包覆型纤维、导电聚合物复合型纤维和结构型导电聚合物纤维等。最早导电纤维是由金属通过纤维化而制成的导电纤维，主要有不锈钢纤维、铜纤维、铝纤维和镍纤维等。金属材料纤维化的方法主要有拉伸法、纺丝法、切削法、螺旋线法和结晶析出法等。

导电纤维具有导电、抗静电、电热、反射和吸收电磁波、传感等多种功能，在许多领域已实际应用并具有诱人的应用前景。

导电纤维通过电子传导和电晕放电可消除静电，具有优异的远高于抗静电纤维的消除和防止静电的性能，在纤维中混入少量的导电纤维，就可解决织物的带静电问题。导电纤维的电荷半衰期很短，可在极短的时间内消除静电。导电纤维还具有防止吸附带电粉尘的功效。因此导电纤维可用作各种防静电、防尘制品的材料，如可制作防静电服装用于日常穿着，制作防静电工作服、地毯、手套、装饰织物、过滤袋及无尘服等，用于电子工业、精密设备、石油化工、生物工程、煤矿、医院、车船及粉尘处理等领域，制作除静电装置，用于纤维、塑料、橡胶、造纸、印刷等制造和加工中消除静电干扰。导电纤维用作填充材料，可用于制造防静电、易爆环境使用的塑料或树脂基复合材料制品。用含有铜、锌等离子的导电纤维制作的织物，还具有抗菌效果。

随着电子工业、信息产业和高新技术的发展，电磁波的副作用日益明显，电磁波污染已越来越受到人们的关注。电子仪器设备、精密电子元件、电讯发射装置等在使用或运作过程中有可能作为发射源造成空间电磁污染，或成为接收源受到外界电磁干扰。导电纤维具有良好的反射或吸收电磁波的特性，可用作各种场合的电磁屏蔽材料。用导电纤维可制作经常近距离使用各种家电者的服装及从事雷达、通信、电视转播、医疗等工作人员的工作服可有效防止电磁辐射。导电纤维填充塑料可制作电讯、电脑、自动化系统、工业及家用电子产品等领域中的电器产品的电磁屏蔽外壳以及中、高压电缆中使用的半导电屏蔽材料。用导电纤维制作的织物可用作电子仪器设备的电磁屏蔽覆盖物。导电纤维也是航空、航天部门重要的电磁波屏蔽材料。电磁屏蔽是防止军事秘密和电子信号泄漏的有效手段，它也是21世纪"信息战争"的重要组成部分。导电纤维，尤其是导电聚合物纤维与高聚物复合可构成轻型、高屏蔽效率和力学性能好的电磁屏蔽材料。导电纤维可构筑军事电磁屏蔽墙。用导电聚合物纤维，例如导电聚吡咯纤维编织军事用的迷彩盖布，利用其导电性和半导体性，反射或吸收电磁波，可以干扰敌方的电子侦察。

随着纳米技术和自组装技术等的发展，碳、金属和导电聚合物纳米管，金属、半导体和导电聚合物纳米纤维，以及导电聚合物分子导线相继出现，甚至采用半导体纳米纤维开发了单电子元件。这些纳米管、纳米纤维和分子导线将是未来导电纤维的尖端材料，它们将使微电子技术实现由纳米材料和分子材料替代传统半导体材料及电子工程向分子工程的过渡，也是理想的航空航天材料、隐身技术材料及极端条件下应用的先进材料，在未来的高尖端技术领域中将发挥不可限量的作用。因此，导电纤维具有巨大的潜在应用前景。

超导纤维 〉〉〉

1911年，荷兰莱顿大学的卡茂林·昂尼斯首次发现了超导现象，之后对超导材料的研究就一直是被关注的焦点。在各种超导体被陆续发现的同时，其成材研究和应用探索也取得了长足的进展。超导材料要获得应用，首先必须成材为不同品种、不同规格的材料，而超导材料在其主要应用领域，即在强电领域的应用，通常要将其制成线材，因而产生了超导纤维。作为超导线材，超导纤维的制成，特别是20世纪90年代后期以来，高温超导线材产业化技术取得重大突破，很快形成产业化生产能力，极大地促进了超导应用技术的研究。

超导纤维是超导电纤维的简称，是由超导体制成或所构成的纤维材料。众所周知，金属等导电材料在传导电流时，都会表现出对电流的阻碍作用，造成电能的损耗。然而，1911年荷兰物理学家卡茂林·昂尼斯首先发现了一个奇特的现象：汞的电阻在4.2K时会突然变为零。后来人们又陆续发现一些金属、合金和化合物等也具有这种现象，这就是超导现象。物质在超低温下，失去电阻的性质称为超导电性（超导性），相应的具有这种性质的物质称为超导体。

超导体种类繁多，包括某些金属、合金、无机或有机化合物、氧化物陶瓷以及高聚物等。超导体在电阻消失前的状态称为常导状态，而在电阻消失后的状态称为超导状态。超导体要被冷却到一定温度才能由常导态转变为超导态，这一转变温度被称为临界转变温度，它是衡量超导性能的重要指标之一。

超导导线的一个主要特点是无电阻，如果用超导导线输电，输电损耗问题可望从根本上得到解决。超导导线的另一个特点是其所能通过的电流密度要比普通的铜导线高50～100倍。这样用超导导线制成的电器，会比普通导线制成的电器体积小、重量轻、效率高。超导导线的上述特点可在许多产品中得到应用。

作为超导线材，超导纤维具有广阔的应用前景。

超导纤维的主要应用之一是超导磁体。超导线圈可用于：高

图与文

超导磁体是利用超导线或超导电缆制作的，用于产生外磁场的装置。超导磁体体积紧凑而重量轻，当它处于超导态时，可承载巨大的电流强度，用它制作绕组不需铁芯，故超导磁体小而轻。

能物理受控热核反应和凝聚态物理研究的强场磁体；核磁共振（NMR）装置上可以提供 1 ~ 10T 的均匀磁场；制造发电机和电动机线圈；高速列车上的磁悬浮线圈；轮船和潜艇的磁流体和电磁推进系统等。电能可以用很多方法储存，在超导磁体中也可以储存巨大的能量，只要将超导闭合线圈保持超导态，它所储存的能量就能无损耗地长期保存。故可利用超导线圈作为储能器，平时不断地逐步将电磁能量储于其中，一旦需要时，既可以让其缓慢地释放能量（如可用作电网峰值负载补偿或发生故障时供电），也可以让其脉冲式地瞬间释放其能量（如激光武器中）。超导纤维还可以用于磁共振成像仪（MRI）超导磁体，医疗诊断用超导磁共振成像仪是已商品化的超导产品。

超导纤维因其优异导电性能，最大的应用还在于电力应用。但传统的低温超导材料需要用液氦冷却，制冷方法昂贵且不方便，所以低温超导材料产业化虽已几十年，而其应用长期以来得不到大规模发展。高温超导材料摆脱了昂贵的液氦，可以用液氮冷却，液氮的价格很低（每升几元人民币），制冷的开销已能被大多数用户所接受，这就为超导技术的大规模应用提供了不可缺少的前提。20 世纪 80 年代中期以来，为了加快其应用步伐，特别是在电力方面的应用，各国投入了大量的人力和资金进行高温超导材料产业化技术研究。20 世纪 90 年代后期以来，高温超导线材很快形成产业化生产能力，并进入了商业化阶段，发达国家政府和跨国公司大规模地开展了超导应用技术研究，输电电缆、变压器、故障电流限制器（FCI）电机等大部分应用产品已开发出样机，并进行了应用试验。

高温超导电缆的使用将从根本上解决了常规输电电缆所无法解决的损耗大、容量小、土建费用高、占地面积大及对环境的潜在污染等问题。

超导变压器由于体积只有常规变压器的 40% ~ 50%，同时效率有很大提高，由 92% 提高到 98% 及以上，因此特别有望用于铁路牵引系统。

超导限流器是利用超导体的超导态—常态转变的物理特性来达到限流要求，它可同时集检测、触发和限流于一身，被认为是现今最好的而且是唯一的行之有效的短路故障限流装置。

近些年来，我国在高温超导线材及其应用研究方面也取得了长足的进步。如 2001 年 4 月，清华大学应用超导研究中心研制出数根长度超过 300 米（最长 503 米），综合性能指标达到世界先进水平的 Bi 系高温超导线材；2001 年 12 月 1 日，北京英纳超导技术有限公司年生产能力为 200 千米的高温超导线材生产线正式投产，使我

高温超导线材

国成为世界上为数不多具有高温超导线材生产技术及产业化生产能力的国家之一。国内已在加紧开展或筹划输电电缆、大电流引线、故障限流器、磁共振成像和磁悬浮列车等项目的研究。

超导纤维，特别是高温超导线材的应用范围十分广阔，在包括发电机、电动机、变压器、电缆、限流器、储能器、磁分离器、磁共振成像仪、核磁共振谱仪、高能加速器、核聚变装置、磁悬浮列车、磁流体推进装置、滤波器、电磁炮、扫雷器等众多产品中，随着其逐步应用，这些产品的性能将得到大幅度的提高或根本的改善。

高温超导线材的应用在世界范围内正在受到政府和企业界的高度重视，正进一步加大投入，开始了以商业化产品为目标的新一轮研究与开发。

复合纤维 〉〉〉

复合纤维是指在同一纤维横截面上存在两种或两种以上的聚合物或者性能不同的同种聚合物的纤维，又称共轭纤维，也称聚合物的"合金"。复合纤维按所含组分的多少分为双组分和多组分复合纤维。按各组分在纤维中的分布形式可分为并列型、皮芯型、多层型、放射型和海岛型等。并

列型复合纤维是由两种聚合物在纤维截面上沿径向并列分布。皮芯形复合纤维的皮层和芯层各为一种聚合物，它分同心圆形和偏芯圆形。散布型复合纤维是由一种组分以微纺织厂状分散在另一种组分的基体中的纤维。并列型和偏心皮芯型复合纤维具有三维空间的立体卷曲，有高度的体积蓬松性、延伸性和覆盖能力。同心圆皮芯结构的复合纤维可利用皮芯的不同成分，使纤维具有特写的性质。散布型复合纤维可纺制超细纤维、中空纤维等。由于构成复合纤维的各组分高聚物的性能差异，使复合纤维具有很多优良的性能。如利用不同组分的收缩性不同，形成具有稳定三维立体卷曲的纤维，这种纤维纺成的纱，具有蓬松性好、弹性好、纤维间抱合好等优点，产品具有一定的毛型感。如以锦纶为皮层，涤纶为芯层的复合纤维，既有锦纶的染色性和耐磨性，又有涤纶模量高、弹性好的优点。此外还可以通过不同的复合加工制成超细纤长丝纱和具有阻燃性、导电性、高吸水性合成纤维、热塑性

■图与文

皮芯型复合纤维是两种组分聚合物分别沿纤维纵向连续形成皮层和芯层的复合纤维。皮芯型复合纤维是以特殊材料为皮的纤维,如黏结性纤维、亲水纤维和亲油纤维、特殊光泽纤维等。

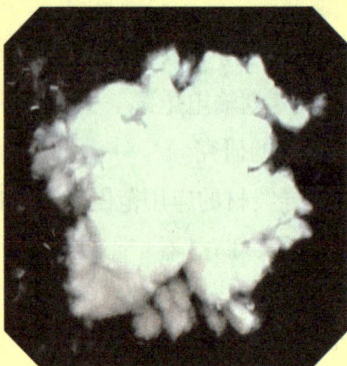

纤维等具有特殊功能的复合纤维。

复合纤维可用于制造毛型织物、丝绸型织物、人造麂皮、防水透湿织物、无尘服和特种过滤材料等。

着色纤维 〉〉〉

着色纤维是指在化学纤维生产过程中，加入染料、颜料或荧光剂等进行原液染色的纤维称为着色纤维，亦称为有色纤维。着色纤维色泽牢度好，

可解决合成纤维不易染色的缺点，常见的有着色涤纶、丙纶、锦纶、腈纶、维纶、黏胶纤维等，用于加工色织布、绒线、各种混纺织物、地毯、装饰织物等。

抗起球纤维 〉〉〉

聚酯纤维具有许多优良品质，但聚酯纤维与其他合成纤维一样，在使用过程中，纤维易被拉出织物表面形成毛羽，毛羽再互相纠缠形成小球，同时聚酯纤维强度高，

■图与文

由抗起球纤维制成的织物受到摩擦时，不易出现纤维端伸出布面，形成绒毛或小球状凸起。普通树脂制备法、复合纺丝法、低黏度树脂共混增黏法是其常用的加工方法。

小球不易脱落。为此，国内外曾研制出多种抗起球纤维，它是通过降低纤维的强度和伸长率，以便能使形成的小球脱落。加工的方法有低黏度树脂直接纺丝法、普通树脂制备法、复合纺丝法、低黏度树脂共混增黏法、共缩聚法和织物表面处理法等。

超高吸水纤维 〉〉〉

超高吸水纤维通常简称为超吸水纤维（SAF），是一类具有奇特的吸水能力和保水能力的纤维新材料。它是继超吸水树脂之后，根据使用者将超吸水粉末演变成纤维状形式的要求而发展起来的特殊功能纤维，其吸水倍率比常规合成纤维大几十倍，甚至上百倍。与已有的超吸水树脂相比，超吸水纤维具有比表面积大（可达普通粉状树脂的8倍）而吸收速度快（仅15秒就可达到95%的饱和吸收率），赋形性好而易于加工，产品柔软、物理机械性能好而使用方便，且不易脱落、迁移堆积和僵硬等优点。此外，

作为纤维材料它兼具阻燃、抗静电、抗起球、防霉、抗菌、除臭、吸湿放热、防寒保暖及适于人体的 pH 缓冲性等优良调节（调温、调湿、调和）功能。因此，超吸水纤维在许多领域具有超吸水树脂不可替代的广泛用途。

超吸水材料由粉末、颗粒状升级到纤维形态，从材料本身、后加工制造，到吸液制品均体现出较多优越性，从而使应用领域大为拓展，市场前景更为广阔。纤维状超吸水材料可以和其他纤维相混尤显其特别用途，且易于通过纺纱、织造或非织造加工制成类似纺织品的吸液制品。超吸水纤维一般采用与丙纶、涤纶、尼龙、黏胶纤维等混纤，通过气流成网、梳理成网、湿法成片，经热轧黏合、针刺，或通过纺纱等途径制成平面无纺织物或包缠和精纺纱，用于终端用途。通过控制超吸水纤维与其他共混纤维的比例，可以调节终端产品的物理机械性能、吸水性能、密封性能、通透性能等。其主要用途有光缆及电缆阻水材料、密封堵漏材料、过滤干燥材料、卫生与医用材料、包装材料、农园艺保水材料、混凝土养护材料、消防材料、防结露材料、氨或胺吸附材料、离子交换材料、调温、调湿和调和功能的"调节功能"材料等，因而可广泛应用于工业、日常及卫生、医疗、纺织与服用等领域。

超吸水纤维与粉末、颗粒状超吸水树脂相比具有多方面的优点，不仅可用于工业、日常及卫生、医疗、纺织与服用等领域，而且在一些发达国家现已成为信息产业不可缺少的材料，市场潜力巨大。日本、美国以及欧洲等发达国家和地区已将其广泛应用于光缆和电缆包覆阻水材料、卫生和医用材料、工业过滤除水材料、包装材料等多种系列用途。超吸水纤维作为 20 世纪 90 年代中期才投放市场的新型材料，许多潜在用途尚待开发，随着对其研发的不断深入，其应用领域将越来越广，市场需求将逐年增长，市场前景十分乐观。

超吸水纤维已经或正在开发的实际用途如下：

（1）用于地下光缆和电缆的阻水，超吸水纤维纱线、绳或带可有效解决水从外皮渗入问题。与超吸水树脂层压带相比，其吸水溶涨速度快，凝胶强度高，凝胶一体化性（黏结性）好，密封阻水效率高。

（2）超吸水纤维过滤器可滤除气体、溶剂、燃油和其他有机液体等流体中的水分，并且有除去固体和水的双重功效。随着超吸水纤维吸水溶涨，过滤器孔隙度降低、背压增加，因而可实现过滤器的自动切换。采用超吸水纤维较粉末的最大优点是，其不易于结块堵孔，因而过滤效率高，使用寿命长。

（3）用于婴儿尿布、成人失禁吸垫和妇女卫生巾等用后即弃卫生产品的芯材，可以高含量地混入超吸水纤维而制得薄且高吸收性的产品。产品在贮存、运输和使用过程中，织物结构中的超吸水纤维不易脱落和迁移。产品受压时，超吸水纤维不会刺穿被覆膜，并且产品不易于僵硬。

（4）用于鱼、肉类包装吸血片，织物中的超吸水纤维不易因迁移而可能污染包装产品。

（5）用于食品（如水果）和仪器设备等的包装容器衬材，防止因结露而变坏或腐蚀。

（6）用于床、托盘、宠物篮上的吸液片。

（7）用于窗和其他冷表面的结露吸条。

（8）用于室内墙纸、天花板，防止环境过湿而产生结露。

（9）家庭、医院和工业用途的高吸液性用后即弃揩布。

（10）用于含危险流体的注射器等垃圾的容器衬里，防止焚烧前危险流体的泄露。

（11）遇水流体而自动密封阻水的防护服装。

（12）无纺布用于水流体的溶涨型密封衬和密封垫。

（13）纱线用于管螺纹密封，密封效果远大于麻线和 PTFE 带。

（14）纱线织物用于法兰接口密封，在蒸汽系统中使用 1 年也不漏。

（15）农林、园艺用各种保湿织物。

PTFE 带

（16）用于冷冻运输货物的吸液垫。

（17）用于需保湿运输货物（如鲜花）的包装。

（18）消防用浸水灭火、防火织物。

（19）吸收创面渗出液的医用敷料，防止血液浸入的手术服，防止血液溢流的术后用垫，以及医用引流袋、污物处理袋。

（20）用于高温作业服，吸湿、防臭、抗菌鞋垫和袜子，抗静电工作服、地毯等。

就我国国内的市场前景而言，据业内人士预测，我国超吸水纤维规模化投产后的几年内，在光、电缆阻水包覆材料、卫生和医用材料、过滤干燥材料及包装材料等用途方面，超吸水纤维的用量将达 1 万吨／年以上。我国飞机燃油过滤除水的滤芯 100％依赖进口；光缆阻水材料还基本使用超吸水粉末"夹心型"层压带，而发达国家已采用超吸水纤维制品替代之，因此，尤其是在飞机等的燃油过滤除水和光缆阻水方面，市场潜力巨大。

总之，超吸水纤维提供了以往超吸水材料不可能的使用方法及不可能的产品设计，不仅可为超吸水材料已有应用领域提供更高性能的应用产品，而且开辟了许多新的用途，不论是对于现有市场还是全新市场，超吸水纤维都具有十分诱人的前景。随着超吸水纤维加工技术和更新型纤维及其产品的开发，它还将用于一些潜在的特殊终端用途。

亲水性合成纤维 〉〉〉

亲水性合成纤维是指通过提高合成纤维的亲水性，提高液态水分的吸附能力及气态水分子的放湿能力而制得的纤维。由于合成纤维一般是疏水性的，因此在贴身衣服、床单等领域内，合成纤维使用甚少。合成纤维如要在纺织品中扩大其使用范围，提高其亲水性是极其重要的。合成纤维的亲水能力主要通过提高分子结构的亲水能力、通过亲水性的组分共混纺丝、由接枝聚合赋予纤维亲水性、由后加工赋予纤维亲水性和改变纤维的物理结构赋予其亲水性等途径提高。

功能化纤维

防护功能纤维 >>>

防护服是保护健康的防护用具,防护服五花八门,现代工业对防护服的性能提出了更高的要求,防护服的发展又直接推动了防护纤维的开发。防护纤维是高科技纤维的一个新品种,因其在纤维经过化学或物理处理后,具有某一特性,而被广泛应用在工业、国防乃至尖端科学技术领域上。

防护性功能纤维主要适用于各种特殊环境条件下,对人体安全、健康以及提高生活质量具有一定的保证作用。根据防护的功能不同可以分为防火隔热功能(如消防服、阻燃服、高温作业服等)、介质防护功能(对化学物质等防护)、射线防护功能(如辐射、微波、X 射线等)以及静电防护功能等多种类型。下面就一些主要的防护纤维进行简要介绍。

防护服

■ 阻燃纤维

在现代社会人们的生产生活环境及日常用品中,纤维及纺织品的用量与日俱增,但人们使用的绝大部分纺织品都是没有经过阻燃加工的,近年来,不断有因纤维制品不阻燃而引起重大火灾,给人民生命财产造成巨大损失的报道,于是纤维与纺织品的阻燃改性受到了广泛的关注,国家关于纺织品的阻燃标准和法规逐步建立和完善,促进了阻燃纤维与纺织品的研究、开发与应用。

■图与文

阻燃纤维具有优良的永久性阻燃防火性能，在防止火焰蔓延、烟雾释放，抗熔融，耐用性上有良好表现。

通常，各种不同的纤维与纺织品采用不同的阻燃元素，阻燃机理也不相同，主要有：

（1）覆盖层机理。指某些阻燃剂在高温下能与纤维表面形成玻璃状或稳定泡沫覆盖层，一方面可以阻止氧气的供应，另一方面阻止可燃性气体的逸出，从而达到阻燃的目的。例如：硼砂—硼酸是一种含有结晶水的低熔点化合物，在接近火焰时会很快熔融而覆盖在纤维表面，这种覆盖层对热很稳定，它隔断了保持继续燃烧所必需的氧气供应，从而使燃烧难以进行，属于这一类的阻燃剂有硼酸盐和某些磷化合物。

（2）产生不燃性气体机理。阻燃剂受热分解出不燃性气体，将纺织品分解出来的可燃性气体浓度冲淡到能产生火焰浓度以下。例如，卤素阻燃剂、铵盐、碳酸盐等受热分解会产生 NH_3、CO_2、HCl 等不燃性气体，它们冲淡了纺织品受热分解所生成的可燃性气体，使火焰中心处于氧气供应不足，并由于气体的生成和热对流，带走了一部分热量，起到阻燃作用。

（3）吸热机理。织物受热，阻燃剂和纤维在同样温度下分解，阻燃剂分解需要的能量高，就带走了织物上的热量，得到阻燃效果。另外，织物经阻燃整理后，遇热时能使表面热量迅速传走，致使织物达不到着火燃烧的温度。

（4）催化脱水机理。阻燃剂在高温下，生成具有脱水能力的羧酸、酸酐等，与纤维及纺织品基体反应，促进脱水炭化，减少可燃性气体的生成。

（5）自由基控制机理。有机物在燃烧过程中产生的自由基能使燃烧过程加剧，若用含卤素的有机化合物对织物进行阻燃处理，含卤化合物在高温下裂解成卤素自由基，它与氢自由基结合就中止了连锁反应，减缓了燃烧速度。

■ 防静电纤维

在我们日常生产生活中，静电现象可以说是司空见惯，静电技术也得到了广泛的应用，如静电除尘、静电分离、静电喷涂、静电植绒、静电复印等。在得到便利的同时，静电所产生的危害也是十分巨大的，石油、化工、纺织、橡胶、印刷、电子、制药以及粉体加工等行业由于静电造成的事故也很多。日常生活中产生的静电有可能对人体产生危害，

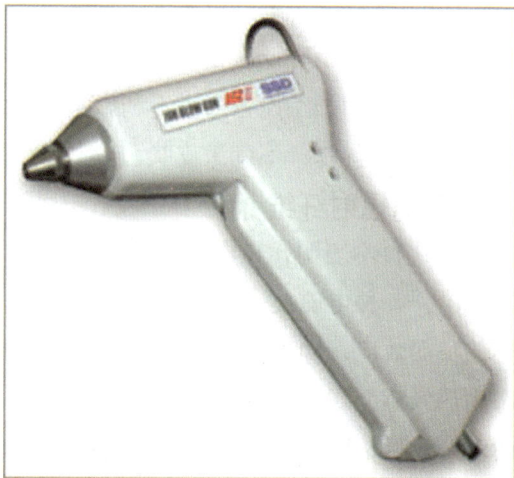

静电除尘枪

尤其是合成纤维的使用相当普遍，而合成纤维易产生静电，如何消除静电给人们生活及工作带来的不便成为一个新的研究课题。抗静电织物可用于人们日常穿着，也可制作成劳保防护用服在条件要求较为严格的工作场合使用。它的发展十分迅速，各国在这方面的研究取得了不同程度的进展。

对织物进行抗静电剂整理方法具有简单、见效快、投资少等特点，适应了纺织市场多变的要求，其抗静电整理有以下几点：

（1）抑制静电的发生量，即赋予纤维一定的吸湿性，使纤维的漏电量增大；

（2）增大静电的逸散量，即通过中和纤维表面电荷和依靠离子化来提高纤维电导率；

（3）降低纤维表面的摩擦系数，抑制摩擦静电的发生。

经抗静电剂整理的织物可广泛用于各种用途，如内衣、外衣等，但由于使用性质不同，因而在对织物进行整理时应视其使用要求而有所侧重。

对用于织物整理的抗静电剂有以下要求：

（1）抗静电效果较好，用量少，不受其他添加剂的影响，在较低的湿度环境条件下也能有较好的抗静电效果。

（2）不降低织物染色牢度，不改变其色相。

（3）基本不降低织物的物理性能和织物手感风格。

（4）不对加工设备产生不利影响，如生锈等。

（5）无异味，不刺激皮肤。

■ 防辐射纤维

现代科学表明，在电磁波谱中，不同的波长呈现不同的物理效应，但是无论哪一种电磁波，在其造福人类的同时，也会产生危害环境、危害人体的负面效应，即射线辐射。归纳这些危害，分为两类。一类是使生物体产生热效应，当其吸收量超过某一界限时，生物体因不能释放其体内产生的多余热量，致使温度升高而受到伤害。另一类危害是非热效应，生物体虽不产生升温作用，但能改变机体结构而造成功能紊乱，其累积作用会引发失眠乏力、神经衰弱、心律不齐、组织异变以及诱发白血病和癌症等病变。

不同种类的射线辐射，危害也不相同，因而其防护方法也不同，防护材料随之各种各样，但都以屏蔽率作为防护标准。所谓屏蔽率是指射线透过材料后辐射强度的降低与原辐射强度之比，这一性能直接决定防辐射材料的可靠性。针对辐射危害，防辐射材料是一个高新技术领域，防护用品层出不穷，国际竞争异常激烈。基于对人体的防护，在开发防辐射板材的基础上又开发了一系列纤维材料。这些新纤维有一定强度和弹性，易于织造、裁剪和缝制，可以制成罩布和服装，防护性能好，质量

■图与文

防 X 射线纤维是指对 X 射线具有防护功能的纤维。防 X 射线的纤维是利用聚丙烯和固体 X 射线屏蔽剂材料复合制成的。

轻，柔性好，使用非常方便，因而备受推崇。

在科学家的努力下，各类防辐射纤维相继问世，有防电磁辐射纤维、防微波辐射纤维、防远红外线纤维、防 X 射线纤维、防 α 射线纤维、防 γ 射线纤维、防中子辐射纤维等。

从当前的形式看，防辐射纤维有着广阔的应用前景：

首先，虽然人们都不喜欢战争，都希望和平，但国家之间，地区之间的战争不可避免。继原子弹之后有氢弹和中子弹出现，还有各式各样的新武器正在试制和改进。比如，用光束作为炮弹的激光武器，小则可以使人失明、致残和死亡，大则摧毁坦克、飞机和卫星；由高能粒子构成的粒子束武器足以穿透一般物体，可拦截多批多个目标；微波武器可以攻击指挥系统的电子设备，可以杀伤钢铁掩体下的作战人员；阳光武器可以巧妙地利用阳光造成对敌方阵地的破坏和干扰。基于这些武器的威胁力量，必定要有防范的手段和措施，包括防辐射纤维在内的防护材料将会应运而生，有所突破和创新。另外，军事所需要的电子通信仪器需要防辐射织物进行保护，以维持其正常运行；前沿阵地和军事设施为避免雷达系统的侦察，需要防辐射织物进行覆盖以达到隐蔽的目的；隐形武器多是在外壳上涂敷防辐射涂料和粘贴防辐射材料；红外伪装则是通过对红外辐射的反射以对付红外侦察和红外制导武器。在未来的战争中，辐射与防辐射是一种进攻与防守的较量，辐射侦察与防辐射侦察是一场相生相克的比试。毋庸置疑，战争对防辐射纤维有着极其现实的需求。

其次，随着科技的发展，将不断开拓出新的电磁辐射纤维应用领域。核电站的建立开创了和平利用原子能的新时代，其后核潜艇、原子破冰船的使用以及中子技术的推广都需防中子辐射材料用于设备和人员的防护。X射线除用于工业探伤、医学透视之外，近年内又用作 X 射线摄影纱，将这种防辐射纤维纺入纱线制成纱布用于患者的开胸、开腹手术，在手术完毕而未缝合之前用 X 射线透视，因为防 X 射线纤维吸收 X 射线呈现暗影，从而可免除纱布块遗忘在体内的事故。纤维复合材料也同样掺入少量摄影纱，也可作为其结构和性能的示踪因子，这些作业也都需要防护。此外，微波加热、远红外加热可节省能源，使内部干透；微波驱动飞机依靠天线接收微波转换成驱动能源；还有电子束加工、等离子束加工、激光束加工等，都是材料加工的新技术，在化工、纺织、机械等行业已初露端倪。这些以辐射能源为特色的加工都需与之伴生的职业防护服。与此同时，工业应用的通信设施、控制系统，也需要防护电磁杂波的干扰，避免误动作，从而也是防电磁辐射织物的一个应用领域。

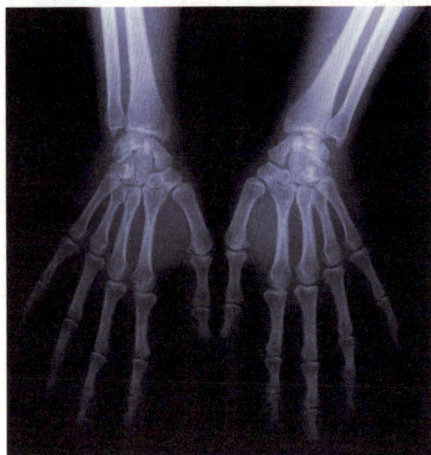

X 射线下的人手

第三，随着人类生活水平的不断提高，家用电器已大量涌入家庭，办公自动化设备大量进入办公室，电视、手机、电脑与人相伴，已到了密切不可分割的地步。在这些产品给人们带来便利和享受的同时，电磁辐射产生的问题也日益严重，已不容忽视。可以说，防电磁辐射材料的需求与日俱增，和薄膜、板材等材料相比，防电磁辐射纤维更贴近生活，它不改变纺织品原来的格调，却平添防护功能，因此备受青睐。这一新兴的市场，不仅是国外，即使是国内也已打开局面。

从上面的论述中，我们不难看出，防辐射纤维在多个方面有着前景广阔的应用领域，属于朝阳产业。

■ 防紫外线纤维

众所周知，由于现代工业的快速发展以及人为对自然环境的肆意破坏，导致大气中二氧化碳含量增加，全球气候变暖，臭氧层严重破坏，大量的紫外线透过大气层到达地面。紫外线对于人类及环境有有利的一面，它可以促进人体内维生素 D 的合成，防止软骨病的发生；植物可以利用其进行光合作用；一定的紫外光还有杀菌消毒的能力。但是过量的紫外线将直接威胁人体健康，尤其是危害人的皮肤，21 世纪皮肤癌可能成为各类疾病之

首。纺织品作为皮肤免受紫外线损伤的屏障，防紫外功能的研究在 20 世纪 90 年代随着人们对大气污染的重视也日益加强。聚酯纤维、羊毛、蚕丝因本身分子结构而具有一定的紫外吸收功能，而其他的纤维对紫外光几乎是 100% 通过。由于紫外辐射具有差异性，不同地区、季节、天气其辐射强度不同，不同年龄及肤色的人受紫外辐射的危害也不同，因此具有针对性的紫外屏蔽纺织品的研究越来越受到人们关注。随着人民生活水平的提高，防紫外纺织品的开发不应只局限于伞、帐篷等少数物品，应大力开发夏季的内外服装、泳装、袜子、运动服装、户外施工人员的工作服装、交通警察的制服、部队的军服等，还应开拓产业用纺织品市场，如军用防护品、工农业和商业用遮阳篷盖布、包装袋、体育馆的顶篷用布等等。需要结合最终产品的特点进行合理设计，最大限度地满足其舒适性、卫生性、实用性和防紫外性的需求，使各种类型的防紫外产品有各自的特点。

■图与文

在纤维、纱线和织物中添加了紫外线屏蔽剂而制成的防紫外线纺织品，对紫外线的防护能力显著提高，其紫外线屏蔽率一般可达到 90% 以上，有的甚至在 99% 以上。

防紫外线织物的应用目标是以衬衣、罩衣、裙装为主体的夏日女装。年轻的女士非常喜爱这类产品，以避免强烈的紫外线晒黑自己的皮肤。不仅是服装，遮阳帽、高筒袜等也因附加防紫外线功能而备受欢迎。与此同时，防紫外线织物也被应用于制作男装，诸如衬衣、短裤、夹克衫、T 恤衫等。体育运动服是防紫外线织物的重要应用方面，它能减轻阳光紫外线对运动员身体的损伤。防紫外线职业服装更具有实用价值，比如，农业作业服、渔业作业服、野外作业服等，它能使烈日下工作的人们得到皮肤防护。对于日照比较强烈的国家，格外需求白色防紫外线织物，如中东地区就从日本大量进口这种织物制作阿拉伯服，澳大利亚也为保护皮肤而对防紫外线织物极感兴趣，欧美也在掀起防紫外线织物热。其他方面，如窗帘、广告布、日光伞以及帐篷用布等都对防紫外线性能提出了很高的要求，这些应用领域尚在不断开拓中。开发防紫外线功能与热辐射遮蔽功能相结合的夏日凉爽织物，将会具有很好的发展前景。

分离功能纤维 〉〉〉

物质分离功能纤维是高功能纤维中的重要门类，在全球生态环境日益恶化，资源逐步枯竭的严峻形势下，物质的分离技术在水处理和环境保护、生物技术与生物医学工程、资源回收及能源开发等方面日益显示出其重要作用。由于传统的分离方法已达不到有关产业需要的要求或由于能耗过高而无实用价值，因而具有选择性分离功能的高分子材料应运而生，并在国际上迅速发展。

膜分离现象早在200多年前就已经被发现，然而，直到20世纪60年代，膜分离技术才进入工程领域，初步实现工业化，20世纪70年代，随着膜分离装置的工业化生产，膜分离技术在各个领域中得到广泛应用。

膜分离技术有以下几个特点：

①膜分离过程不发生相态变化，故不必加热或冷却，无需加入其他溶剂，因而能耗低，没有二次污染；

②分离装置简单，占地小，操作方便，通常在常温下进行，因而特别适合热敏物质和生物制品的分离和富集；

③适用范围广，分离对象从小分子无机盐到高分子蛋白、微粒、胶体等，分离范围广泛；

④分离和浓缩同时进行，便于回收有价值的物质。

膜分离技术作为一种新型分离、纯化、浓缩的高新技术，已在国民经济中广泛应用。在给水领域中主要是地表水、地下水、苦咸水、海水的脱盐（用于饮用水）纯化；医药、化工、食品工程用水等；高纯化水（用于微电子工业、生物工程、高压锅炉补充水等）；软化水（用于低压锅炉补充水，食品工业配料用水等）；无菌化（用于医药、医疗用水及饮用水）；用于给水的深度处理，以除去有机氯化物、硝酸盐及亚硝酸盐。在排水领域中主要用于对工业废水中有价值的物质的回收及水再利用。例如，从造纸黑液中回收木质素磺酸盐；从洗羊毛废水中回收羊毛脂；从电镀废水中回收重金属盐。在食品工程领域中，用于果汁、蔬菜汁的澄清与无菌化处理；在乳品行业用于牛奶的浓缩，以制备高品质奶制品；在制酒行业中用于低度酒、果酒、黄酒、清酒的澄清与催陈等。在医疗、医药领域中用于生物制剂及抗生素的纯化与浓缩；肝腹水的浓缩处理与再注入；人工肾、人工肺、注射用水的制备；医疗用氧和无菌空气的制取；中草药口服液试剂的澄明、除浊与除热源；鲜活动物药制品的澄清与处理；干扰素、尿激酶、人体生长激素的浓缩与纯化等。在石油化工领域中用于油田回注水的处理，酸性气体的分离；锅炉的富氧燃烧；低沸点溶剂气的回收等。在国防领域用于海岛、舰艇生活用水的现场制备；流动式野战给水处理车；单兵淡化器；高原、地下坑道作业的空气增氧等。

具有分离功能的纤维完全满足上述膜分离技术的技术要求和应用要求，分离功能纤维主要有两种：一种是吸附纤维；一种是离子交换纤维。

■ 吸附纤维

吸附纤维就是对气相或液相物质具有强吸附作用的纤维。自从 18 世纪末发现吸附现象以来，吸附在物质的分离提纯等方面得到了广泛的应用，在废水、污水及废气处理、空气净化、回收稀有金属及溶剂等环境保护和资源回收领域更是受到人们的高度重视。

现在已经生产出

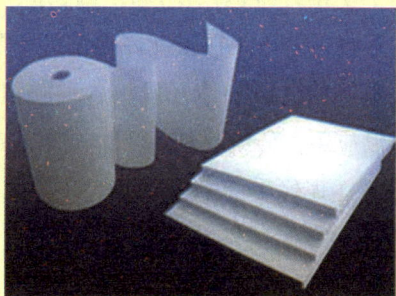

■ 图与文

吸附纤维可以超强吸附水、血以及高毒性物质，当它吸附这些物质时，具有高度的膨润和密封特性、有效的阻水性、极好的湿态完整性，使被吸附物难以从干湿态纤维中迁移出来。

一种高吸附纤维,这种纤维具有超吸附速率和吸附容量的纤维或非织造物,吸附物包括水、盐水、血和某些高毒性物质。当它吸水时具有高度的膨润和密封特性、有效的阻水性、非常好的湿态完整性和强度保持率,被吸附物难以从干湿态纤维中迁移出来。

这种高吸附纤维的制法是将聚丙烯酸盐、聚丙烯腈或水合纤维素纤维等,加工成具有吸水功能的交联纤维或多微孔的碳化活化纤维。

吸附纤维的用途有防露材料、电缆或光缆阻水纱、食物的托盘垫、农业和园艺用保水材料、混凝土固化片材、绷带、毒物吸附剂等。

■ 离子交换纤维

离子交换纤维(IEF)是一种纤维状离子交换材料。离子交换纤维的制备始于20世纪40年代,其本身具有固定离子及与固定离子符号相反的活动离子,当溶液中存在其他可离解的化合物时,活动离子即与溶液中的离子进行交换。

离子交换纤维具有交换速度快,再生能力强,能耗低,流体阻力小等优点。通常具有导电、导热性能,干湿强度和韧性高,耐腐蚀,耐溶涨,此外,还能以织物形式使用,在工程应用上更为灵活和简易。

离子交换纤维作为新型功能高分子材料,具有独特的化学及物理吸附和分离功能,在一些相关领域有着不可代替的作用,在环境保护、资源回收再生、医药、化工、冶金等方面都有广阔的应用前景。在环境治理方面,离子交换纤维已广泛应用于废水、废气的净化及贵重金属及其他有用物质的回收,在环保领域发挥着日益重要的作用。20世纪70年代以来,前苏联、日本等相继成功地开发出各种类型的离子交换纤维并实现工业化,因为它可以应用在传统材料所不能或很难起作用的领域,发挥其独特作用。

在现代生活中,离子交换纤维主要应用在以下方面:

①净化和分离气体。

②高纯水制备,工业废水净化与微量物质的富集。

③在湿法冶金领域的应用,很有前景。

④生化工程和天然产物的萃取。

⑤在个人卫生及医用纺织品上应用日益广泛，也有用作防辐射纤维，通常是螯合铅离子。

⑥其他还有作毡状人造土壤，可用于室内栽培花卉、远洋海轮等处种植蔬菜等。据介绍用50g左右这种材料填充一个花盆，只需浇水，不需换土，可连续使用10年。显然，离子交换纤维是有发展前景的。

高感性纤维

高感性纤维并不是新出现的某种单一成分的纤维，而是将差别化、功能化纤维使人能感觉到的特有的风格、质感、外观，或者在视觉、触觉、嗅觉、听觉及味觉方面更令人满意的纤维另归为一类。也称为"五感"纤维，如触觉（皮肤感觉／体感）上在材质、织物结构、纤维的吸湿性、保温性、热传导率、通气、凉爽性等使用触觉优良；视觉上在外观、形状、色调、风格方面优良；听觉上有愉悦感；嗅觉上使人舒服等等。高感性纤维技术的核心是仿真和仿生，近年来国外生物技术飞速发展，而且化纤制造技术和生物技术交融发展，使高感性纤维材料有着广阔的发展前景。高感性纤维不仅是新世纪服装面料的发展需要，而且对提高我国服装面料水平，替代进口产品有重要的意义。

仿生纤维 〉〉〉

仿生纤维的定义很简单，就是在形态结构、观感及性能方面类似天然纤维的化学纤维。近年来，生物技术在纤维制造技术上的应用日益受到科学家的关注。在天然纤维方面已采用基因技术成功研究开发了有色棉纤维，国内外均已产业化。近来有色羊毛也颇受关注。高感性纤维的核心技术是仿天然纤维技术，超细纤维就是一种仿生纤维，不仅是仿真丝的重要技术，也是仿天然皮革的重要材料。这里再介绍一种使用仿生技术研发的，适应宇航服装，可作轻质防弹衣，又在生物医药和结构材料上甚有用途的，被称之为生物钢纤维的仿蜘蛛丝纤维，虽然尚不完全成熟，但前景光明则是毋庸置疑的。

仿蜘蛛丝的研发是受天然蜘蛛丝的启发而来的，蜘蛛丝是已知强度最高的天然纤维之一，是一种特殊的蛋白纤维，它的强度与钢丝相近。蜘蛛丝平均直径为 6 微米。其力学性能优于任何一种天然纤维和现今生产的各种化学纤维。它具有强度好、弹性好，断裂功大等机械性能，伸长为 30%，与天然蚕丝相当，吸水性与羊毛相当，它既耐高温又耐低温，在零下 60℃ 的低温下仍具有弹性，因此专家认为"这是新一代的生物纤维材料，它将改变我们生活"。鉴于蜘蛛丝的特殊品质，早已引起科学家们的关注。早在 18 世纪初，第一双蜘蛛丝长裤和手套在巴黎的科学院展出，1864 年美国又制成另一双袜子，1900 年巴黎世界博览会上展出了一块由 2.5 万只蜘蛛生产的 10 万码 24 股（每只蜘蛛为一股）纺织成的 18 码长、18 英寸宽的布。由于天然蜘蛛丝产量极有限，而且很难养殖，但鉴于蜘蛛丝是由蛋白质构成，是生物可降解的，科学家考虑，如果能够用人工的方法大量而经济地生产这种纤维，必将对纤维和纺织业的发展产生深远的影响。美国、加拿大、德国和英国等发达国家已投入大量的人力和物力进行研究，并已取得相当的进展，对仿蜘蛛丝的研究，已成为当今国际纤维界的热门课题。

具备优良性能的蜘蛛丝已经引起了世界各国科学家的兴趣和关注。近年来美国、瑞士、加拿大、日本、德国、丹麦等国的一

图与文

与蚕丝相比，蜘蛛丝的很多性质具有非常明显的优势，在力学强度方面，蜘蛛丝纤维与强度最高的碳纤维及某些高强合纤等强度相接近，但它的韧性却明显优于上述几种纤维。

些实验室先后对蜘蛛丝进行了深入的研究，在利用基因和蛋白质测定技术解开了蜘蛛丝奥妙的同时，在蜘蛛丝人工生产方面也取得了突破性进展。

英、美科学家已初步揭开蛛丝的化学组成、分子结构和力学性能方面的秘密，破译了其全部基因，并运用DNA重组技术和转基因技术成功合成了蛛丝蛋白并纺成了纤维。1997年初，美国生物学家安妮·穆尔发现在美国南部有种名为黑寡妇蜘蛛能分泌出两种不同类型的丝用于织蜘蛛网。其中一种丝的强度超过其他蜘蛛丝的2倍；另一种丝，在拉断前很少延伸，但具有很高的断裂强度，比制造防弹背心的"芳纶"纤维的强度还高得多。为了获得"黑寡妇"蜘蛛丝蛋白，将基因注入奶牛的胎盘内进行特殊培育，等到奶牛长成后，所产下的奶中就含有"黑寡妇"蛛丝蛋白，再用乳品加工设备将蛛丝蛋白从牛奶中提炼出来，然后再纺成这种新颖纤维，既保持了牛奶纤维的精美和柔韧，其强度又比钢强度大10倍，因此被称为"牛奶钢"，也称生物蛋白钢。1999年起美国科学家利用转基因的办法，准备培养繁殖大量转基因奶牛，以满足大规模生产"生物钢"的需求，以便用以制造防弹背心、轻量型头盔、降落伞绳等。加拿大的尼克西生物公司成功地利用转基因山羊羊奶制造出了少量蜘蛛丝，研究人员将蜘蛛体内产生蜘蛛丝蛋白的基因移植到山羊受精卵的细胞核内，培养出转基因山羊，这样转基因的母山羊在发育成熟以后产出的羊奶中便含有了蜘蛛丝蛋白，然后在羊奶中加入特殊的溶剂就能抽出与真正蜘蛛丝相媲美的纤维。而这种蜘蛛丝纤维在机械强度上可以与真正的蜘蛛丝相比，同样具有天然蜘蛛丝的韧性。据称，每只山羊每年可产3.65千克丝。我国也加入到"生物钢"的研究行列中，科学家成功地将"生物钢"蛋白基因转移到老鼠身上，并成功地从第一代小白鼠的乳汁中获得"生物钢"蛋白，然后又开始了培养转基因奶牛。中国科学院上海生命科学、生物化学与细胞生物学研究所科研人员用"电穿孔"的方法，将蜘蛛和家蚕"结亲"，并获得成功，科学家们在小小的蚕卵中"注射"不同基因，使家蚕分泌出含有蜘蛛牵引丝的蚕丝，这将为我国发展"生物纤维钢"技术打下一个良好的基础。

由于仿蜘蛛丝有比"芳纶"还高的强度，蜘蛛丝有吸收巨大能量的能力，

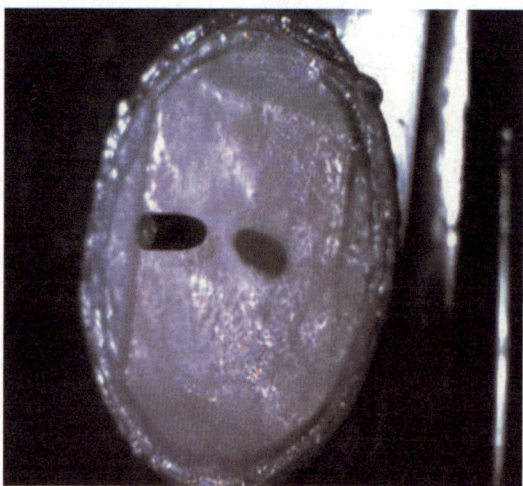

蜘蛛丝做的防弹背心可以有效降低子弹的冲击

又耐低温，同时它又是生物可降解的、可循环再生的材料，因而世界各国普通关注，用途比较广泛。通常有下列用途：

（1）在军事和航空航天领域方面的应用：蜘蛛丝做的防弹背心比用芳纶做的防弹背心重量轻、性能好。也可以用于制造坦克和飞机的装甲，以及军事建筑物的"防弹衣"等，还可用于航天航空器用的结构材料、复合材料和宇航服装等。

（2）在建筑领域的应用：用做复合材料的结构材料，应用于用于桥梁、高层建筑和民用建筑等。

（3）在农业和食品方面的应用：可用做捕捞网具，代替造成白色污染的包装塑料等。

（4）在生物医学工程方面的应用：由于蜘蛛丝是天然产品，又由蛋白质组成，和人体有良好的相容性，因而可用作高性能的生物材料，如人工筋腱、人工韧带、人工器官、组织修复、伤口处理、用于眼外科和神经外科手术等特细和超特细生物可降解外科手术缝合线等。

超细纤维 〉〉〉

化学纤维的单丝纤度对其产品的物理性能影响很大，当其单丝纤度下降到一定值以下时，其产品的风格与常规产品就有了明显差别，更趋近于甚至超过了天然纤维产品的风格，因而使化学纤维产品的价值得到了大大提高。一般将单丝纤度在 0.44 dtex（线密度单位，指

10 000 米长的纤维束的克数）以下的纤维，称之为超细纤维，单丝纤度在 0.44 ~ 1.1 dtex 之间的纤维称之为细旦纤维。世界上最细的超细纤维纤度已达到 10^{-4}dtex，随着技术的不断进步，超细纤维单丝纤度的最小界限将会不断的突破。

超细纤维具有不同于常规纤维的性能：

（1）单丝纤度极低，使织物手感柔软。

（2）纤维抗弯刚度较小，具有高柔韧性。

（3）光泽柔和、密精细致。

（4）纤维间空隙多而密，吸水和吸油性极好。

（5）高清洁能力，织物具有极强的吸尘性、去污性和过滤性。

（6）高保湿性。

超细纤维因具有天然纤维所没有的卓越手感而被誉为"新合纤"发展的先锋，它已被应用于生产仿麂皮、防水／透湿高密度面料、桃皮绒、抹布、净化室的空气过滤器以及无尘服。

超细纤维毛巾

超细纤维的主要用途表现在以下几个方面：

（1）仿麂皮织物。人们经研究发现，天然麂皮是由胶原质的底板为主体结构，其表面产生了一层很细的绒毛，通过电子显微镜观察天然麂皮的表面和横断面，可以看到皮革中胶原质纤维不是分散的单纤维，而是互相交络的纤维簇，底板和绒毛的纤维极细，这种细密的纤维绒毛层赋予了麂皮特有的性能。

要模仿天然麂皮必须满足下列的条件：①绒毛必须由超细纤维组成；

②从基布组织中的纤维束中能够获得均匀分散的超细纤维绒毛；③绒毛可倒伏；④由超细纤维组成的纤维束三维方向上交络；⑤在交络结构中有固定的交络点；⑥非层状结构。

在制造仿麂皮材料时，同时要克服天然麂皮的下列缺点：①洗后发硬和收缩；②尺寸稳定性差；③色牢度差；④重量重；⑤裁剪时得率低；⑥质量和尺寸不均匀；⑦耐细菌和蛀虫的侵蚀性差。

（2）仿真丝绸织物。真丝织物作为高级时装面料一直受到时尚人物的追捧，早期化纤仿真改性就是以真丝为目标。由于橘瓣型复合超细纤维在二组分分离后，所得超细纤维横截面形状呈三角形，这正好与天然蚕丝截面形状相似，所以不仅手感柔软，而且具有真丝光泽感，这种复合超细纤维的另一特点是在分裂后两种组分超细纤维热收缩性能不同，因而当这两种纤维无规则混在一起并织成仿丝绸织物后，经热处理得到的织物更接近天然丝绸，特别是这种织物具有温和柔软的手感，富有弹性以及柔和光泽，使它充满了丝绸的风格和特色。

（3）超高密防水透气织物。使用单组分超细纤维长丝进行高密织造，并进行高收缩整理或用橘瓣型复合超细纤维织成织物后经高收缩整理，使织物的微孔孔径仅为 0.2 ~ 10 微米，大于水汽的直径又小于雨滴的直径，所以具有优良的透湿、防水功能，同时保持其柔软手感、自然悬垂性。这类织物主要用于运动服、休闲服、风衣、雨衣、时装、鞋靴面料等方面。

■图与文

超细纤维由于纤度极细，大大降低了丝的刚度，作成织物手感极为柔软，纤维细还可增加丝的层状结构，增大比表面积和毛细效应，使纤维内部反射光在表面分布更细腻。

（4）高吸水性毛巾。合成纤维本身没有吸水性，但超细纤维织物的毛

细管效应，使其具有较好的吸水性。试验结果表明，超细纤维毛巾的吸水速度是同类型棉毛巾的 5.9 倍。吸水速度快可使被擦部位的水分快速吸干，因而开发出了适合于洗头后使用的超细纤维速干毛巾。

（5）高性能洁净布。由于超细纤维表面积很大，超细擦镜布表面 1 平方英寸（ $\approx 6.415\,6\ cm^2$ ）中含有 8 万多根纤维，而普通合纤织物 1 平方英寸只有 5 000 多根，故制成的织物具有较强的清扫能力，能有效地捕获甚至几微米的小尘埃微粒。

（6）功能性纺织制品。超细纤维的性能使之在产业方面用途较多，如高性能滤布，超细纤维纺织品对分离沙粒或液体有优良的过滤作用，采用 0.05 dtex 聚丙烯微细纤维非织造布结合较高的电压，使织物有永久性的极化，会吸引、吸收带电的灰尘颗粒。

弹性纤维 〉〉〉

从 20 世纪 80 年代后期以来，消费者对服装穿着的性能和舒适性的要求越来越高。国际上已把弹力织物的流行数量视作某个国家人民服饰穿着水平的标志之一。合成纤维中的高弹性纤维是随着国际上弹力服装流行而发展的，因为弹力服装能保形、伸缩自如，紧贴皮肤的弹力针织服装还能显示人体身段的健美。美国国内自产的服装总量中弹性程度大小不同的各种弹力服装占比例接近 30%。西欧、日本等也同样占一定比例，而且都呈继续发展之势。日本对弹力织物分为 3 种类型：伸缩率在 10% ~ 20% 者称为"舒适弹力织物"，多数是纬向有伸缩性，穿着时紧迫压力感较小，回复力好，主要原料用涤纶弹力加工丝或 PBT（一种聚酯树脂），适宜用于男女衬衫、夹克衫、工作服、便服、制服、运动服、学生服等；伸缩率在 20% ~ 60% 者称为"行动弹力织物"，多为纬向有伸缩性，穿着时紧迫压力感也较小，回复力中等，主要原料用氨纶包芯纱、混纺纱或 PBT 作经编或纬编，多用于运动服、夹克衫、体操训练服等；伸缩率在 60% ~ 200% 者称为"高强弹力织物"，经纬两向都有可伸缩性，穿着时紧迫压力感较大，回复力较小，主要用料为氨纶丝或 PBT，用作滑雪衫、运动服、妇女紧身衣、内裤、体操服、游泳衣等。由于弹力服装能提供适体的动作跟踪性，对于运动服和体操服尤为重要。

使用的弹力纤维主要是聚氨基甲酸酯纤维，国际上通用的名称为"Spandex"，我国称为氨纶。国际上多个工业发达国家都有生产。我国在 20 世纪 80 年代末开始发展迅速，烟台为第一家。PBT 学名为聚对苯二甲酸丁二酯纤维，是高弹聚酯纤维，它是 1979 年才开发成功的新型高弹纤维，与普通聚酯纤维不同的是，纤维大分子中不仅含有苯环和羧基等构成的共轭体，又有比普通聚酯纤维长的 H 链段结构，由于在大分子中引入酯链故具有了较好的弹性。PBT、纤维比氨纶抗老化性强，比锦纶、氨纶的耐化学稳定性更好，而弹性模量与锦纶相似。因此自开发以来需求量上升很快，我国已在 20 世纪 90 年代开发成功。

弹性纤维，由于服用的舒适性，已成为当今消费者对服装的重要消费需求。除了氨纶外，锦纶丝、变形聚酯丝也可以有一定的弹性，新纤维 PBT、PTT 已在开发应用。

■图与文

氨纶纱属于弹性纤维，也属于合成纤维。因伸缩性强，可用作游泳衣、尿布；回复力强，可用作内衣、外衣；保持力强，可用作紧身内衣、连袜裤；成型性强，可用作外衣等。

医学功能纤维

从字面上可以知道医学功能纤维是指有着特殊医学效用的一类纤维，

通常将医学功能纤维分为两类，一类是生物医学功能纤维，一类是卫生保健功能纤维。这两类纤维都与人体直接密切相关，前者涉及人的生命、病伤修复和活动能力；后者主要应用在保健领域，改善生活质量，减少疾病发生，减轻病人痛苦。两者之间有联系但其功能和作用、用途不完全相同。

生物医学功能纤维 〉〉〉

生物医学功能纤维是生物技术在纤维材料技术方面的突破。生物医用材料的发展有着悠久的历史。据史料记载，公元前约3500年古埃及人就利用棉花纤维、马鬃作缝合线缝合伤口，而这些棉花纤维和马鬃则可称之为原始的生物医用材料。公元前2500年前，中国、埃及的墓葬中就发现有假牙、假鼻、假耳。生物医用材料近些年的飞速发展，是得益于组织工程学、纳米技术、材料表面改性技术的持续突破。生物医用材料是生物医学工程（BME）研究和开发用的材料，是一类用于诊断、治疗或替换人体组织、器官或增进其功能的新型高技术材料。按材料的性质划分，生物医用材料可分为医用金属材料、医用高分子材料、生物陶瓷材料和生物医学复合材料等。按应用领域又可分为可降解与吸收材料、组织工程材料与人工器官、控制释放材料、仿生智能材料等。

医学资料表明，全球大量用于医疗器械的生物医学材料主要有20种，其中医用高分子材料12种、金属4种、陶瓷2种、其他2种。利用现有的生物医学材料，已开发应用的医用植入体、人工器官等近300种，主要包括：起搏器、心脏瓣膜、人工关节、骨板、骨螺钉、缝线、牙种植体，以及药物和生物活性物质控释载体等。在常规生物医学材料的应用中，如：人工关节失效的磨损屑问题、心血管器件的抗凝血问题、材料的降解机制问题；评价材料和植入体长期安全性、可靠性的可靠方法和模型等问题也有望得到逐步改善。世界上已有多个企业几千位科学家从事此领域的研究。我国生物医学材料产业起步较晚，与国际先进水平差距较大，依赖进口严重，1996年我国注册生产的生物医学材料及制品仅49种，包括：一次性输液（血）

器具 11 种、医用导管 8 种、金属植入物 5 种、齿科材料 10 种、血液透析器 2 种、其他生物材料及制品 13 种。据科技部统计，1996 年我国生物医学材料的生物医学工程产业的市场增长率高达 28%，居全球之首。其中生物医学材料及制品市场增长幅度更大，例如我国人工关节替换年增长率高达 30%，远高于美国的 4%。虽然如此，我国生物材料和制品所占世界市场份额仍不足 1.5%，产品技术结构和水平基本处于初级阶段，技术含量高的产品主要依赖进口。据国家医药局统计，1997 年外商在华注册的产品和厂商较之 1995 年分别增加了约 25 倍和 20 倍，外商已大量涌入和占领我国生物医学材料市场，因此，采取有效措施，发展生物医用材料已是我国经济发展中的一个十分值得关注的任务。

鉴于我国生物医用材料目前的状况，国家已将生物医学材料列为"十五"、"2015"高技术产业化和科学发展规划的重点领域。我国上海、天津等地建立了组织工程中心，生物可降解纤维的开发研究也已开展。

■ 组织工程用纤维

随着生命科学、材料科学以及相关物理、化学学科的发展，人们提出了一个新概念——组织工程。它是应用细胞生物学和工程学的原理，研究开发修复、替代损伤组织和器官，重建其功能的一门科学。其基本原理是将体外培养扩增的正常组织细胞吸附于一种生物相容性良好并可被机体吸收的生物载体上形成复合物，将细胞—载体复合物植入机体组织、器官病损部位，细胞在载体被机体降解吸收的过程中形成新的具有形态和功能的相应组织和器官，达到永久修复创伤和重建功能的目的。组织工程的核心是建立细胞和载体构成的三维空间复合体。这一三维空间结构为细胞提供了获取营养、气体交换、排泄废物和生长代谢的场所，也是形成新的具有形态和功能的组织、器官的物质基础。因此，组织工程研究的成败，支架是重要影响因素之一。组织工程支架材料除应具有良好的生物相容性、生物降解性、三维立体结构及相应的力学强度外，还应具有良好的表面活性，以有利于种子细胞的黏附，并为细胞在其表面生长繁殖、分泌基质提供良好的微环境。

随着组织工程学科的发展，对于组织工程支架材料的要求越来越高，而生物可降解材料是组织工程支架材料中研究较多的一类材料，它是一类生物相容性好，植入人体内后能在体液、酶、细胞等的作用下发生降解，变成小分子物质被吸收或通过新陈代谢排出体外的材料。

理想的生物可降解材料应具有以下特点：

①良好的生物相容性：除满足生物医用材料的一般要求（如无毒、不致畸、不致癌、不致突变等）之外，还要利于种子细胞黏附、增殖，降解产物对细胞无毒害作用，不引起炎症反应，利于细胞生长和分化。

②良好的生物降解性：载体材料在完成支架作用后应能降解，降解时间应能根据组织生长特性进行人为调控，使降解速度能与细胞的增殖速度相匹配。

③具有三维立体多孔结构：载体材料可加工成三维立体结构，孔隙率最好达90%以上，具有高的面积体积比，利于细胞黏附生长和新陈代谢、细胞外基质沉积，也有利于血管和神经。

④可塑性和一定的力学性能：载体材料应具有良好的可塑性，可预先制作成一定形状；应具有一定的机械强度，为新生组织提供支撑，并保持一定时间，直至新生组织具有自身生物力学特性。

⑤良好的细胞亲和性：材料应能提供良好的细胞界面，利于细胞黏附、增殖，更重要的是能激活细胞特异性基因表达，维持细胞正常表型表达。

⑥可消毒性。

研究的生物可降解材料的种类很多，如：胶原、纤维蛋白、甲壳质及其衍生物、天然珊瑚等天然材料，聚乳酸、聚羟基乙酸、聚原酸酯等合成材料，以及复合支架材料。

■ 人工器官功能纤维

人工肾

人工肾的种类大致可分为平板型、螺旋型、中空纤维型等多种。其中最主要的是中空纤维型人工肾，它是把几千根甚至更多根中空丝集束在一起制成的。人工肾是利用透析原理：病人的动脉血在中空纤维的中心流动，

■图与文

人工肾的核心部分是一种用高分子材料（称为膜材料）制成的透析器，这种膜材料具有半通透特性，可代替肾小球实现其毛细血管壁的滤过功能，达到血液净化的目的。

透析用的等渗溶液在中空纤维外壁流过，人体代谢的废物如尿素、尿酸、肌酐等借助扩散作用从血液中迅速通过纤维膜进入透析液，这样便实现了血液的净化。我国上海医疗器械研究所利用进口铜氨中空纤维及纤维黏合剂，成功制造出性能良好的中空纤维透析器。总的来说人工肾中空纤维材质大部分是铜氨纤维，它是由醋酸纤维素脱乙酰制的再生纤维素，其次是聚丙烯腈、聚甲基丙烯酸甲酯、聚丙烯等。

人工肺

人工肺是一种气体分离装置，它的用途是在对人实行心脏手术时，代替正常的肺起呼吸器官的作用。人工肺的形式主要有两种：膜型（卷式）、鼓泡型。而膜型人工肺与人工肾相仿，由中空纤维制成。

人工肝

肝是人体中滤除毒素的器官，人体内的肝受损后，经过短期替代装置的代替，一般能恢复原有功能。常用的处理方法是使血液通过一种装有吸附剂的中空纤维管子、膜或床，以除去有毒物质。但此法主要问题是血液变性，血液不相容，低效率，颗粒状物质进入血液。近年来关于人工肝的新型免疫屏障膜的报道，该膜由酰胺聚合物组成，含亲水与疏水微区，配体素样蛋白固定在内部多孔膜结构上。此种新型免疫屏障可以防止人体血浆成分对肝细胞所产生的直接细胞素性作用。

人工皮肤

人工皮肤是在治疗烧伤皮肤中的一种暂时性的创面保护覆盖材料，其

主要作用有 3 个方面：①防止水分与体液从创面蒸发与流失；②防止感染；③使肉芽或上皮逐渐生长，促进治愈。人工皮肤有纤维织物类和膜类等不同类型。纤维织物类人造皮肤的织物层系由聚酰胺、聚酯、聚丙烯等合成纤维材料制成，织物表面呈特殊的丝绒状或毛絮状，目的是使人体组织可以长入其中并固定之。人工皮肤的基层由硅橡胶等材料制成（厚度约 0.25 毫米），将表面层与基层复合后，再经抗生物处理，即可得人工皮肤。三层复合的人造皮肤，外面两层都用聚酰胺制成丝绒状，中间层是用聚氨酯、聚硅氧烷制成的，以防止细菌侵入和水分蒸发。这种结构便于组织长入和防止形成死腔，它与创面结合速度较快，结合强度高，治疗烧伤的效果极好。

人工血管

人工血管的发展已有几十年的历史了，能成功地用作人工血管的合成纤维主要是聚酯和聚四氟乙烯，此外还有聚乙烯醇、聚偏氯乙烯、聚氯乙烯、聚酰胺、聚丙烯等。对于直径 10 毫米以上

图与文

目前用机器编织的人工血管有两种，一种是平织，又称机织；另一种是针织，又称线圈编织。最初的材料为尼龙，后因缺点很多而被废弃。目前普遍采用的人工血管材料为涤纶及聚四氟乙烯。

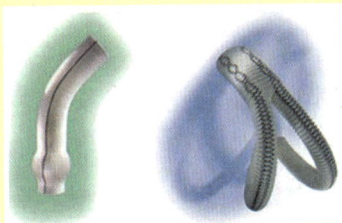

的高血流量、没有关节屈曲部位的动脉，进行人工血管的移植有良好的效果。对于直径在 6 毫米以下的动脉和静脉则移植效果较差，例如用聚酯、聚四氟乙烯、聚酰胺等制成的人工血管进行移植，血管闭塞率达 50% 以上。上海胸科医院用不锈钢环的聚酯人造血管进行动脉移植，以代替上腔静脉，既能防止移植血管受压，又可避免纤维本身收缩引起的狭窄，血管通畅率高，能长期满意使用。各种纤维材料人工血管的制造，原则上可使用中空纤维的纺制方法和工艺。

甲壳质纤维

甲壳质即甲壳素，它广泛存在于甲壳类动物如虾、蟹等节肢类动物的

壳体及蕈类、藻类的细胞壁中，壳聚糖是甲壳质脱去乙酰基后的产物，是甲壳质的重要衍生物。在自然界中甲壳质的生物合成量每年约数十亿吨，是地球上仅次于纤维素的天然高分子化合物，也是地球上第二大有机资源，是人类可充分利用的一种取之不尽、用之不竭的巨大自然资源。

研究表明，甲壳质纤维是自然界中唯一带正电的阳离子天然纤维，具有相当的生物活性和生物相容性。其主要成分甲壳质具有强化人体免疫功能、抑制老化、预防疾病、促进伤口愈合和调节人体生理功能等五大功能，在国际上被誉为继蛋白质、脂肪、碳水化合物、维生素、微量元素之后的第六生命要素，是一种十分重要的生物医学功能材料。可制成延缓衰老的药物、无需拆线的手术缝合线、高科技衍生物氨基葡萄糖盐酸盐和硫酸盐，是抗癌、治疗关节炎等药物的重要原料。同时，甲壳质及其衍生产品在纤维、食品、化工、医药、农业、环保等领域具有十分重要的应用价值，如净水、废水处理的吸附剂、土壤改良剂、食品保鲜剂等。又如稀土甲壳质用作动物饲料添加剂或植物增长剂，可以增强动物的免疫力，减少农药的使用量。甲壳质纤维是一种环保性纤维，将纤维埋在地下 5 厘米处，经 3 个月可被微生物分解，且不会造成污染，因此，甲壳质纤维是当代重要的环保型纤维之一。

总之，由于甲壳质类纤维其原料来源丰富且可再生，使用后废弃物可生物降解，具有极为良好的生物医学和卫生保健功能，因而引起国内外业界的高度重视。

由于甲壳质与壳聚糖无毒性、无刺激性，是一种安全的机体用材料，从甲壳质与壳聚糖的大分子结

■图与文

甲壳素与人体皮肤中分泌出的溶菌酶相互反应，其产物葡萄糖胺被皮肤吸收后能激活单核单核巨噬细胞和淋巴球细胞活性功能，可以提高皮肤的免疫力，预防皮肤癌的发生。

构上来看，它们既具有与植物纤维素相似的结构，又具有类似人体骨胶原组织的结构，这种双重结构赋予了它们极好的生物特性，例如它们与人体有很好的相容性，可被人体内溶菌酶分解而被人体吸收，是一种理想的高分子材料等。此外还具有消炎、止血、镇痛、抑菌、促进伤口愈合等作用。

甲壳质纤维的主要用途如下：

（1）外科缝合线。理想的外科缝合线是：伤口愈合前能与人体组织相容而不破坏伤口愈合；愈合后不需拆除，能逐渐被人体吸收而消失。

将壳聚糖溶于醋酸 – 尿素混合物的水溶液中即得到纺丝溶液，纺丝溶液在氨气中成丝然后洗涤，得到一定抗拉强度及 11% 延伸率的纤维。该纤维不会对人体产生任何过敏性反应，可用作外科手术的缝合线，并且当伤口愈合后无需拆除手术线。

外科吸收性缝合线品种十分有限，而且它们无法在酸、烷基锂和酶的环境下满足使用要求。甲壳质对烷基锂、消化酶和受感染的尿等的抵抗力比聚乳酸好。另外，甲壳质纤维的强度能满足手术操作的需要，线性柔软便于打结，无毒性，可以加速伤口愈合。甲壳质纤维可制成在体内被吸收的外科手术缝合线。

甲壳质外科缝合线在国外已进入实用化阶段。国内还处于积极研制之中。

（2）人工皮肤。用甲壳质纤维制作人工皮肤，医疗效果非常好。先用血清蛋白质对甲壳质微细纤维进行处理以提高其吸附性，然后用水作分散剂、聚乙烯醇作黏合剂，用甲壳质、壳聚糖短纤维制成 0.11 毫米厚的无纺布可作为人造皮肤使用，无毒副作用，与人体亲和力好，对渗出液吸收性好，柔软度适宜，与创伤面密着性好，具有镇痛效果，再生的表皮表面光滑，创伤愈合后不用剥离，可反复使用。另外还可以用这种材料基体大量培养表皮细胞，将这种载有表皮细胞的无纺布贴于深度烧、创伤表面，一旦甲壳质纤维分解，就形成完整的新生真皮。这类人工皮肤在国外已商品化，并在整形外科手术中获得了一致的好评。用壳聚糖和磺化壳聚糖的混合物制成的伤口康复材料，对伤口区皮肤的再生有很好的效果。

国内已将壳聚糖无纺布、壳聚糖流涎膜、壳聚糖涂层纱布用于临床，特别是用壳聚糖溶液制成的无纺布，透气、透水性极佳，用于大面积烧伤治疗取得理想效果，用于人造皮肤，无刺激和无过敏性反应，较常规疗法治愈速度快得多。

（3）医用敷料。甲壳质和壳聚糖纤维制成的医用敷料有非织造布、纱布、绷带、止血棉等，主要用于治疗烧伤和烫伤病人。该类敷料可以：①给病人凉爽之感以减轻伤口疼痛；②具有极好的氧渗透性以防止伤口缺氧；③吸收水分并通过体内酶自然降解而不需要另外去除它们（多数情况特别是烧伤，除去敷料会破坏伤口）；

■图与文

医用敷料是用以覆盖疮、伤口或其他损害的医用材料。甲壳质和壳聚糖纤维制成的医用敷料具有轻薄、凉爽、氧渗透性好、吸水性强等优点。

④降解产生可加速伤口愈合的 N–乙酰葡糖胺，大大提高了伤口愈合速度。

（4）制备微胶囊。利用壳聚糖制造微胶囊进行细胞培养和制造人工生物器官是其重要的应用方面。借助于壳聚糖和羧甲基纤维素等制备的聚电解质微胶囊，使高浓度细胞培养成为可能。壳聚糖膜既可以避免微生物的污染，也容易对产物进行分离和回收。若作为药物载体，可大大提高药物的利用效率，延长药物的有效作用时间，充分减少其毒副作用。用壳聚糖作为微胶囊的壁膜，可增加微胶囊芯材的稳定性和生物利用率。制成的微胶囊颗粒在酸性介质中膨胀，并在胃内漂浮，在低 pH 值介质中形成凝胶层，而壳聚糖本身又具有抗酸和抗溃疡活性，因此，可用来防止药物对胃的刺激作用。壳聚糖已被用作制备 VE、防 UV 化合物、蛋白质、胰岛素、防腐保鲜剂、酵母细胞等微胶囊的膜材料。另外，如在微胶囊中包封生物器官的活细胞，如胰岛细胞、肝细胞等可构成人工器官，这种微胶囊能有效阻止动物抗体蛋白，允许营养物质、代谢产物和细胞分泌的激素等生理活性物质进出，保证了细胞的长期存活。

（5）智能药物。智能药物是 20 世纪 80 年代发展起来的一种新型、高效药物。由壳聚糖及衍生物形成的聚电解质膜是很好的智能药物的膜材料，用它制作的药物载体制成的智能药物在不同的病灶物理和化学信号（诸如温度、pH 值、离子强度、光电、磁、化学物质、酶等）刺激下能脉冲释放药物。文献报道，用壳聚糖制作的智能药物微球已通过鉴定。

（6）制造人工器官。用壳聚糖经交联制成的膜，其通量较大，分离系数较高，化学稳定性和热力学稳定性均较好，在反渗透和超滤工业方面已获得应用。基于壳聚糖及其衍生物本身的特性和结构的特点，由它制成的医用分离膜，可以透过尿素等有机低分子有毒物质，同时无机离子及血清蛋白等有用物质则被截留，从而解决了长期使用的醋酸纤维素膜和铜氨纤维素膜等抗凝血性能和中分子量物质透过性差的缺点。用壳聚糖及 N- 酰化壳聚糖制成的人工肾透析膜已分别于 1983、1984 年申请了欧洲和日本专利，同时这种膜能经受高温消毒，具有较大的机械强度，是一种理想的人工肾材料。甲壳质类膜在渗透汽化和蒸发渗透过程的应用研究也很活跃。

自 20 世纪 80 年代以来，在全世界范围内掀起开发甲壳质、壳聚糖的研究热潮后，世界各国都在加大甲壳质、壳聚糖的开发力度。在美国、

图与文

壳聚糖是由自然界广泛存在的几丁质经过脱乙酰作用得到的一种产物，具有良好的相容性、安全性、微生物降解性等，在医药、食品、化工、化妆品、水处理等诸多领域有着广泛的应用。

日本、韩国、印度、荷兰、挪威、加拿大、波兰、法国等都已能生产。研究表明，甲壳质不仅能根据结构上的相似性找到类同纤维素的用途，而且从氨基多糖的特点出发，能发现更多更具魅力的新用途。国际性的甲壳质科学会议自 1977 年在美国波士顿召开以来，又相继在日本、意大利、挪威、波兰、法国等国开会，2000 年 9 月在日本召开第八届甲壳质／壳聚糖国际学术会议，发表的论文与产品的开发涉及医药、食品、功能材料、农业、纺织、印染、造纸、水处理、日用化学品等许多部门，甲壳质的生物医学功能应用是其特点，壳聚糖的螯合作用可有效地吸附或捕集溶液中的重金属离子和生物高分子；由壳聚糖制备的功能膜可使用在离子输送、血液渗析、过滤型人工肾及发酵工业中；用甲壳质还可作为外科手术缝合线和人造皮肤，以及各种医学敷料，柔软、机械强度高，容易被机体吸收，能用常规方法消毒及能长期保存；甲壳质也可用来作为缓释药物、激素等生理活性物质的载体；N–辛酰化和 N–己酰化壳聚糖具有抗血栓性；硫酸酯化壳聚糖具有抗凝血性和解吸血中脂蛋白的活性。同时，甲壳低聚糖对多品种水果、蔬菜、粮食等作物进行大田试验，在抗病虫害和促进生长方面有着显著作用，用分子量为 2 000 以下的壳聚糖溶液进行小麦、玉米、豌豆、棉株等拌种，可以防止地下霉菌对种子的危害，提高抗病能力，抗倒伏能力，增产可达 10％～25％等。

综上所述甲壳质的制品拥有广阔市场，具有显著经济效益、社会效益和环境效益。甲壳质化学与生物医学功能的开发，已引起人们极大关注，它定将成为 21 世纪高新技术的新型功能材料。

■ 丝素蛋白

丝素蛋白通常用来作手术缝合线。蚕丝用作手术缝合线，已有很长的历史。蚕丝有"纤维女皇"的美誉，如果它又能成为一种生物医学材料，那它就不仅带给人舒适和美丽，而且有益人的健康。

蚕吐丝时将其由绢丝腺生成的蚕丝蛋白质，压向前部，通过吐丝管，再经其头部摆动的牵伸作用，不断吐出蚕丝，并靠外围的丝胶黏合形成茧层，从而将蚕体保护于茧子中，并化为蛹。有人认为，正是因为要起这种作用，故要求构成茧层的蚕丝对生物体能很好地适应，并有保护、防御的功能，如能遮盖紫外线，能防水，但又透湿等等。

蚕　丝

蚕丝（茧丝）的主要成分是蛋白质，其外围是丝胶蛋白，约占 1/4，内部是丝素蛋白（或称丝心蛋白），约占 3/4。还有一些其他物质，如蜡、糖类、色素及无机成分，但这些物质含量很少，总计也仅占 3% 左右。所以经过一定的处理后便能容易得到相当纯净的蚕丝蛋白。用作医学材料的主要是丝素，很自然地也有人注意到了丝胶，以后它也可能会被人充分利用。

关于丝素蛋白的结构、性能与其形成条件的关系，国内外已有很多研究。丝素蛋白作为生物医用材料，许多研究表明，它具有很好的生物相容性和优良的物理、化学性能，而且它可以多种形式：粉末、凝胶、膜、纤维等加以应用。用丝素研制创面保护膜、人工皮肤、人工血管、软性隐形眼镜、药物缓释材料及在组织工程中用作细胞培养支架等。

卫生保健功能纤维 〉〉〉

随着人们生活水平提高和对生命的珍视，改善人们生活质量、提高卫生保健水平已形成潮流。这从这些年来抗菌（含防霉、防臭、消臭）、远红外、芳香、负离子、高吸湿等卫生保健功能纤维的开发生产十分活跃的现象中就可以看出来，多种纤维已经产业化。例如，抗菌（含防霉、防臭、消臭）纤维开发，由于细菌不少是通过人体为传播渠道，尤其是在公共场所和医院容易交叉感染的概率更高，因此，国际上一些主要国家都普遍关注，在纤维品种上几乎覆盖所有常用纤维品种。在卫生保健功能纤维方面，总的看来，日本开发较早，开发的品种和水平最高。我国从 20 世纪 80 年代以来日益重视，在卫生保健功能纤维材料方面以抗菌纤维、远红外纤维开发最盛，现在芳香纤维、负离子纤维、高吸湿纤维等，发展速度也较快。

■ 抗菌纤维

纺织品因受微生物侵蚀而造成的危害是显而易见的。每年全球范围的纺织品生产厂商和消费者因此而遭受的经济损失也是相当惊人的。不仅如此，随着纤维制品，特别是合成纤维制品在工业用领域应用的不断扩大，微生物对纤维制品的侵蚀所可能造成的危害也难以估量。由于普通纺织品并无杀菌作用，在人们的日常使用中可能成为各种致病菌繁殖的"温床"，反过来又会造成人体皮肤表面的菌群失调。此外，沾污在纺织品上的细菌，会催化代谢或分解出各种低级脂肪酸、氨和其他有刺激性臭味的挥发性化合物，加上细菌本身的分泌物和尸骸的腐败气味，使纺织品产生各种令人厌恶的气味，影响卫生。某些致病菌的传播除了直接接触以外，更多的是通过间接方式传播的。某些带菌病人或是健康的带菌人通过接触或者咳嗽、喷嚏、口水、鼻涕、痰会将致病菌沾染到各种物体上再传播到别人甚至自己适合于该致病菌繁殖的人体部位而引起疾病，这其中，纺织品是一个重要的传播媒体，尤其是在某些公共场所，如医院、宾馆、饭店、浴室等。有资料表明，世界各国医疗单位发生交叉感染的情况是相当严重的，各国感染率约为 3% ~ 17%。这其中，耐药性金黄色葡萄球菌（MRSA）交叉和重复感染正呈现出迅速发展的态势。

20 世纪 50 年代中期至 60 年代中期，美国、日本等国投入大量资金和人力，开始进行纺织品的抗菌整理技术研究，这种研究的重点集中在对纺织品抗菌的可行性和实用价值等方面。到 70 年代中期，早期的抗菌纺织品已实现大规模工业化生产，其所采用的抗菌整理剂主要为有机金属化合物和含硫化合物。虽然抗菌效果较为理想，但有关对人体的安全性问题逐渐引起广泛的争议。70 年代中期以后，低毒性卫生整理剂的开发获得突破性进展。

以后整理方法加工抗菌防臭纺织品经历了浸渍、涂层（黏合）、树脂

整理和接枝键合等工艺发展过程。由于其工艺简单、抗菌剂选择余地大、适用性广等特点而迅速得到广泛应用，但一些在抗菌纺织品发展中迫切需要解决的问题也逐渐显现出来，如抗菌效果的耐久性问题、溶出物对人体的安全性问题以及对织物风格的影响等问题。20 世纪 80 年代后期，抗菌纤维开始崭露头角。抗菌纤维通常是将抗菌添加剂通过共混的方法加到纤维内部或表层以内的部分，或者通过化学方法使之固定在纤维表面。这样不仅使抗菌剂不易脱落，而且能通过纤维内部的扩散平衡，保持持久的抗菌效果。1984 年，日本品川燃料公司首次开发成功以含 Ag 沸石为代表的无机抗菌剂，为抗菌纤维的研究开发奠定了基础。与抗菌整理织物相比，抗菌纤维显示出更大的优点，其抗菌性能优良、耐久性（耐洗性）好、安全性高并且服用舒适。同时，在土工、海洋渔业和工程、汽车、飞机、电线电缆、家用电器、通信器材、各种篷帆织物、填充材料等应用领域有着更广阔的应用前景。从 20 世纪 90 年代开始，抗菌纺织品的发展进入了一个新的发展阶段，即抗菌纤维阶段。由于抗菌纤维的开发涉及纺织、化学、生物、高分子和测试分析等多个学科领域，综合技术含量和应用的难度更高，从全球范围看正在进入成熟期。现在国际上抗菌纤维的开发已经覆盖了几乎所有的常规化学纤维品种，其中有不少已实现产业化规模的生产和应用。

　　需要特别强调的是，抗菌纺织品的开发是一项涉及多学科的系统工程，技术含量和技术难度大大高于一般功能性纺织品的开发。特别是所采用的抗菌剂体系的生态毒性问题涉及使用的安全性问题，与消

■ 图与文

　　抗菌纤维对细菌的抵抗和杀灭作用不是一次性的暂时作用，而是可以作用几周到几年。之所以具有这种长期作用，是因为它采用内置式设计，使得抗菌剂能够缓缓溶出，在纤维表面形成抑菌圈。

费者的健康安全和环境保护休戚相关。日本对抗菌纺织品的发展制定有一套严格的管理和监控制度，从而为消费者安全使用抗菌纺织品提供了保证，同时也为抗菌纺织品的发展进行了有序的规范。

从消费需求和市场发展的趋势分析，抗菌纤维及其制品具有十分可观的发展前景，其应用领域正在逐渐向 3 个主要方向细分：医疗卫生和保健防护用品领域、服装服饰和家用纺织品领域以及产业用纺织品领域。这 3 个领域的发展重点分别是：抗菌医疗保健产品开发的系列化和专业化，提高抗菌服用和家用纺织品的舒适性以及大力开拓抗菌纤维及其制品在产业用或土工用领域的应用。实践表明，要使抗菌纤维健康有序地发展，需要多学科的协同攻关和相关检测技术以及标准化工作的同步发展。

■ 远红外纤维

远红外纤维是具有远红外辐射功能的一类功能性纤维的统称。远红外纤维可在很宽的波长范围内吸收环境或人体发射出的电磁波并辐射出波长范围在 2.5 ~ 30 微米的远红外线，这是由于纤维中添加的具有远红外辐射功能的添加剂在吸收了外界的电磁辐射能量后其分子的能态从低能级向高能级跃迁，尔后又从不稳态的高能级回复到较低的稳态能级而辐射出远红外线。由于远红外纤维所辐射出的电磁波中 4 ~ 14 微米波长范围内的远红外线与人体细胞中水分子的振动频率相同，当人体表面受到这种远红外线的辐射时，会引起人体表面细胞的分子的共振，产生热效应，并激活人体表面细胞，促进人体皮下组织血液的微循环，达到保暖、保健、促进新陈代谢、提高人体免疫力的功效。

远红外纤维的开发始于 20 世纪 80 年代。受太阳能发电的启发，人们开发了具有吸热、蓄热特性的碳化锆保温纤维。日本在远红外纤维的研究开发中倾注了大量的热情并取得了很大的成功。旭化成、东丽、ESN、钟纺、可乐丽、东洋纺和尤尼吉卡等日本著名的化纤生产企业都已经实现了远红外纤维的多品种规模化生产。我国远红外纤维的开发研究始于 20 世纪 90 年代，早期的开发从织物的远红外功能整理开始，尔后转到纤维的开发。现在我国的远红外纤维研究开发已取得相当大的进展，并在部分纤维品种

上实现了规模化的生产。从总体上看，我国远红外纤维的发展是在所有功能性纤维的开发中开发最早、产业化和商品化程度最高的，但与日本等国的发展水平相比仍有一定的差距。

曾有人将远红外纤维按其制备工艺分为共混纺丝法和涂层后处理法两大类，但从严格意义上讲，涂层后处理法更适用于织物成品的后整理工艺，而且用此法制得的远红外纤维耐洗性差，效果不持久，人们习惯上并不将其归入作为功能性纤维的远红外纤维范畴。

现在所有已实现产业化的远红外纤维都是由共混纺丝方法制得的，包括远红外涤纶、远红外丙纶、远红外锦纶、远红外黏胶和远红外腈纶等。这些远红外纤维除了具有远红外线辐射功能之外，其他的纤维物理性能与常规的纤维相比并无显著的差异，因此在应用性能上并无特殊的限制。远红外涤纶和远红外丙纶由于不适合于内衣或贴身服饰产品而主要用于各种具有保暖功能的冬季防寒服、絮棉、运动服、工作服、风衣、窗帘、地毯、床垫、睡袋以及保健枕头、保健被褥、女性保健文胸和其他各种具有改善人体皮下组织微循环的保健产品。远红外锦纶多用于滑雪衫面料、运动衫、紧身衣、防风运动服等产品。远红外黏胶由于具有吸湿透气、手感丰满、穿着舒适和悬垂性好等特点而主要用于内衣、贴身服饰和冬季薄型保暖内衣等产品和部分贴身使用的保健产品。远红外腈纶具有优异的耐蛀性和染色性，良好的蓬松感和舒适感，有类似于羊毛的手感，而且穿着的舒适性和透气性也大大优于其他的合成纤维，因此在袜子、手套、垫子、毛衣、围巾、帽子、被子和毛毯等传统的应用领域有着强大的发展优势。其实，从本质上看，所谓的远红外纤维就是在常规纤维的一般应用性能的基础上增加了保暖和改善皮下组织微循环的功能，所有的产品开发的目标都是围绕保暖和保健功能而展开的，从而提高产品的附加值。

经过开发初期的无序竞争、炒作甚至功能的无限扩大之后，远红外纤维的发展已开始回归它原来应有的发展轨道。在充分认识了远红外纤维的功能原理之后，我们可以发现远红外纤维其实并不神奇，也不神秘，更不是像有些媒体或经销商所宣称的那样运用生命科学原理、采用高科技手段、引入生命必需的微量化学元素,可以包治百病甚至法力无边。远红外纤维其实只是一种功能有限的功能性纤维而已,谬误发展到极致就意味着市场的崩塌。

远红外纤维的保暖和促进微循环的功能原理其实是有区别的。远红外纤维的保暖功能来自于它在吸收外界电磁波辐射的能量后能放射出远红外线以及反射人体散发出的远红外线的功能,因此,用远红外纤维制成服装后可以阻止人体热量向外部的散发,起到高效保温作用。而远红外纤维的促进微循环的作用,则是基于其吸收以可见光为主的外界电磁辐射后,发出的远红外线及反射人体发出的远红外线作用于人体表面细胞,因振动频率相吻合而增强分子的热运动、促进皮下组织的微循环和新陈代谢。很显然,要达到这些目标,有几个必需的条件:一是要吸收外界的能量,二是要能与皮肤直接接触。由于远红外线穿透普通纺织品的能力有限,要起到促进微循环的作用远红外纤维必须用于内衣才合适,但这样一来,其吸收外界能量的途径就受到了限制,而更多的是反射人体本身散发出的远红外线,能量十分有限。

不可否认,远红外纤维的保暖和促进微循环的功能是确凿的,远红外纤维制品的持续热销反映了消费者和市场对保暖服装、轻薄化的冬季服装以及能促进和改善微循环的保健产品的消费需求的持续增长。从世界消费潮流的发展变化分析,远红外纤维产品的发展前景相当可观,并将在两个方面受到更多的关注:一是在充分认识远红外纤维作用原理的基础上,根据产品功能的准确定位,使产品设计更趋合理,以充分发挥纤维的特殊功能;二是远红外纤维的应用领域将进一步扩大,各种新产品将层出不穷。

■ 芳香纤维

众所周知,香味能够影响人的情绪甚至对人产生生理方面的影响。在芳香的环境下生活和工作,可使人消除疲劳、愉悦身心、提高工作效率。研究表明,丁香和茉莉花的香味可使人产生一种轻松安静的心情,紫罗兰和玫瑰的香味会使人兴奋,而柠檬的香味则会使人清醒、驱除困乏。科学家通过对部分受试者的脑电波测试发现:某些香味可产生镇静型脑电波,而某些则产生激励型脑电波。基于香味的特殊功效,芳香型产品的开发受到了广泛的关注。一般而言,芳香型产品的功效无非包括3个方面:一是以芳香的气味掩盖某些令人不快的气味;二是利用某些具有杀菌功能的特殊香料达到净化空气、预防疾病传播的功效;三是营造一种温馨芳香的环境气氛,调节人们的心情。

　　芳香纤维的开发研究始于20世纪80年代各种功能性纤维开发的热潮之中。1985年,日本三菱人造丝推出库比利-65芳香纤维,该纤维具有柏木的清香,可用作被褥、枕头、床垫等填充材料,也可制成芳香型非织造布用于各种装饰材料、家具布或家用纺织品。日本可乐丽公司1987年推出的拉普莱托芳香纤维有茉莉香型、薰衣草香型、可可香型和柑橘香型等。日本帝人公司开发的泰托纶GS香型纤维号称森林浴纤维。它能使环境充满一种林深树密的自然气息,置身其中犹如在森林中散步一样令人心旷神怡、精力充沛。据称,该产品的森林浴效果可持续3年以上。而日本钟纺公司开发的花之精系列芳香型纺织品自1987年投放市场以来一直受到消费者的广泛欢迎。国内的芳香纤维开发同样始于20世纪80年代,但在生产工艺、纤维品种、香型选择等方面与日本相比仍存在较大的距离,特别是在产品的产业化开发方面更是存在很大的差距。现今日本在芳香纤维及其制品的产业化开发方面仍处于领先地位,开发的产品已经涉及被褥、枕头、床垫、靠垫等软家具和床上用品以及地毯、服饰、服装、家具布、窗帘等纺织制品。国内化纤行业曾对芳香纤维的开发显示出浓厚的兴趣,但限于技术、装备以及产品市场化整体开发能力上的不足,实际的成果并不

芳香型中空纤维

明显，开发的产品局限在几个比较单一的品种上，很多工艺技术上的问题尚未得到很好的解决，产业化的程度很低。

芳香纤维的应用主要集中在床上用品、室内装饰织物和内衣、服装等领域。将芳香纤维应用于服用领域可以满足人们亲近自然、追求时尚、增加亲近感的心理需求；而将芳香纤维用于床上用品或室内装饰织物将有助于营造一种自然、清新、安详、温馨、亲切、舒适的生活环境，使人仿佛置身于绿树成荫、繁花似锦的自然环境中，享受着大自然的抚慰，达到调节情绪、舒缓压力、养心安神、恢复体力、振奋精神的目的，除此之外，还有抑菌防霉、净化空气的功效。

事实上，芳香纤维在填充料、床上和装饰用品领域的应用已经呈现出良好的发展前景，但在服用领域的应用远未达到预期的效果。究其原因，主要在于所开发的芳香纤维中的绝大部分，其服用性能不太理想。比较芳香纤维制备的 3 种主要工艺可以发现，微胶囊法由于耐洗性差而不太适用于服用芳香纤维的开发；复合纺丝法由于受设备和工艺技术条件以及芯层和皮层材料、纤维纤度等的限制，纤维的服用性能难以得到根本的改善；共混熔融纺丝法由于芳香剂的耐热性问题而局限在聚丙烯纤维这一个品种上，而常规丙纶的服用性差是众所周知的。研究人员认为欲使芳香纤维在服用领域的应用获得更大的发展，在纤维品种受到限制的前提下，改善纤维的服用性能是突破瓶颈的关键。常规丙纶由于吸湿性差、染色不易等缺陷在服用领域不受青睐。但研究表明，当丙纶纤维的纤度低于 1D（表示纱线的粗细的单位）时，由于特殊的芯吸效应而显示出卓越的导湿性能，服用性能大大改善，十分适合于制作内衣。当然，细旦丙纶的纺制的本身就有相当的技术含量，不仅工艺条件复杂，而且涉及聚合物改性。如果再加入芳香剂，会使聚丙烯的超分子结构发生变化，特别是结晶性能的改变，从而使纺丝条件更加复杂化。不过，这些变化对纺丝工艺的影响而言，有些是正面的，有些则是负面的，通过适当地调整工艺和进行技术攻关，纺制出细旦芳香丙纶纤维是完全可能的。现在丝普纶、超锦纶等细旦丙纶长丝和短纤的应用正呈现出良好的发展势头，相信随着细旦芳香丙纶纤维的

面世，芳香纤维在服用领域的应用将会迎来突破性的发展机遇。

智能化纤维

　　智能纤维是美国麻省理工学院研制的一种新的智能材料，通过在人造纤维中添加感光和感声材料，从而能够感知环境的变化或刺激，并能做出响应的一类纤维新材料。智能材料的出现是材料领域的一次飞跃。智能纤维作为一类重要的智能材料，已越来越引起材料界的广泛关注。当然，我们所说的智能纤维还基本上处于机敏材料的阶段，还不能像人脑或电脑那样具有感知、运算、判断、指令等高级智能，但它已具备了些简单的感知、响应功能，不仅可用于纺织品和服装使其简单智能化，一些专家甚至将智能纺织品和智能服装看成是纺织服装工业的未来，而且在产业领域如信息、能源、医疗，乃至空间平台、国防工业等方面，具有一些特殊的用途，尤其是在高技术领域具有重要战略意义。

　　智能纤维包括形状记忆纤维、变色纤维、调温纤维、压电纤维、热电纤维、选择性抗菌纤维以及一些光导纤维、导电纤维和超导纤维等等许多能对环境的信号变化刺激发生响应的纤维材料。各种类型的智能纤维在不同的发展阶段具有不同的内涵。主要有以下几种类型：

变色纤维 〉〉〉

　　变色纤维是一种具有特殊组成或结构的，在受到光、热、水分或辐射等外界条件刺激后可以自动改变颜色的纤维。变色纤维目前主要品种有光致变色和温致变色两种。前者指某些物质在一定波长的光线照射下可以产生变色现象，而在另外一种波长的光线照射下（或热的作用），又会发生可逆变化回到原来的颜色；后者则是指通过在织物表面黏附特殊微胶囊，

■ 图与文

变色织物是把显色材料封入微胶囊，分散于聚氨酯液中涂于织物表面而形成的织物。当外部刺激源为光、热时，称为光（或热）致变色织物。

利用这种微胶囊可以随温度变化而颜色变化的功能，而使纤维产生相应的色彩变化，并且这种变化也是可逆的。

光致变色纤维由于其颜色能随外界环境变化而发生可逆变化，因此可使服饰制品的色彩富于变化，不但可满足当代消费者追求新颖的消费心理，而且使人类与环境的关系更加协调。用光致变色纤维可制成各种光致变色绣花丝绒、针织纱、机织纱等，用于装饰皮革、运动鞋、毛衣等诸多制品。此外，还可用于安全服、防伪制品、床罩及灯罩、窗帘等室内装饰品，如用于制作光致变色窗帘，可调节室内光线。在军事上，光致变色纤维可作为伪装装置隐蔽材料用于军需装备、军服等。

热致变色纤维可用于制作热致变色滑雪服、游泳衣等运动服装，以及日常穿着等的变色服装，其不仅具有新颖性，而且可提高某些场合下的可视性，并可由于颜色的变化而调节服装织物对太阳能的吸收特性，从而调节温度。可以把微胶囊化的热致变色液晶在黑色布料上印制成各种图案，温度变化时黑色布料上呈现出红、绿、蓝等各种鲜艳的彩色图案，用于制作别具特色的变色服装。用热致变色纤维制作变色灯罩、窗帘等，可调节光线。热致变色纤维用作某些仪器、设备、管道等的表面或外包材料，当温度变化时较易发现，可起到安全标志的作用。具有特定变色温度的纤维可用作乳腺癌、甲状腺癌等部位皮肤的贴敷材料，或用作受伤部位的贴敷或包扎材料，较小的温差即可由显示的不同色彩反映出来，以利于诊断和治疗。热致变色纤维还可用于变色玩具、防伪标识、测温元件及军事伪装等方面。热致变色纤维与光致变色等功能的纤维结合使用，将具有更广阔的应用前景。

除光致变色和热致变色纤维外，近年开发的还有气致变色、辐射变色、生化变色等变色纤维。在常规纤维上分别沉积氧化钨层和催化剂层可制得气致变色纤维，其基于氧化还原反应和氧化钨的变价特性，在含有微量氢气的惰性气体环境下即可显色，而当遇到氧气或空气时则退色。日本一家公司开发的气致变色纤维具有遇到氨系气体时变成粉红色或紫色的特性，可及时检测到氨的存在。

将某些吸收辐射波后会改变颜色的化合物（如可产生荧光的物质）引入纤维中，可制得辐射变色纤维。采用中空纤维中充满染料，同时染料中悬浮节电颜料粒子的方法，使用不同颜色的染料和颜料制备纤维，当用类似电泳的方法控制颜料粒子朝向或背离纤维织物的外表时，织物会呈现不同的颜色。将能在可见光下发生氧化还原反应、色泽变化可逆的硫堇衍生物导入聚合物，然后纺制成纤维，该纤维不仅对光线敏感，而且湿度变化也能够引起变色，可用于测定空气中的湿度等。这些其他变色纤维的种类很多，它们在生化物质或辐射检测、特种安全生产服或防护服、特殊防伪标记和军事伪装等许多特殊用途方面具有应用前景。

调温纤维 〉〉〉

调温纤维是将某些介质（如磷酸氢二钠、石蜡等）充填进黏胶纤维或聚丙烯中空纤维的中空部分，通过这些介质在温度变化时吸收热量，从而研制出具有温度调节功能的纤维，调温纤维具有良好的调温效果。传统的纤维材料主要是通过其织物隔绝空气流通，即通过阻断织物的内外环境之间的热传递（热辐射、热传导和热对流）起到被动保温作用，而纤维自身不具有主动调节温度的能力。但是调温纤维具备自动调温的能力，当外界环境变化时它具有升温保暖或降温凉爽的作用，或者兼具升降温作用，可在一定程度上保持温度基本恒定。

调温纤维按照其调温机制和作用，可分为单向温度调节纤维和双向温度调节纤维两大类。双向调温功能的纤维是一类较新型的、十分具有前景的智能纤维。

蓄热调温纤维的使用通常与其他纺织纤维相同，既可常规纺织加工，如纺纱、针织或梭织等，也可经非常规纺织方法加工，如非织造、层压等方法制成各种厚度和结构的制品。尽管蓄热调温纤维的加工与常规纤维没有明显区别，但其制品与常规纤维制品却有明显的差异，即它有随环境温度变化而在一定温度范围内自动双向调节温度的作用。

传统纤维纺织品的保温主要是通过绝热方法来避免人体皮肤温度降低过多，其绝热效果主要取决于织物的厚度和密度，而蓄热调温纤维纺织品除具有传统纺织品的保温作用外，还具有温度调节功能，它可通过热调节而不是热隔绝而为人体提供舒适的微气候环境。这种调温纺织品由于应用了相变材料，相变材料在发生相变时对外界环境吸收或释放热量，且在相变的过程中温度保持不变，因而这种纺织品不论外界环境温度升高还是降低时，它在人体与外界环境之间可建立一个"动态的热平衡过程"，起一个调节器的作用，缓冲外界环境温度的变化，即它除具有传统纺织品的静态保温作用外，还具有由于相变材料的吸放热引起的动态保温作用。

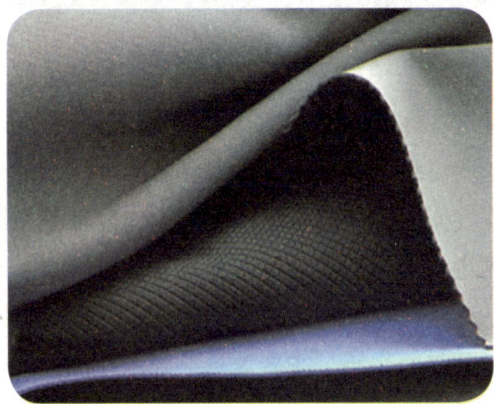

蓄热调温纤维材料

具体而言，蓄热调温纤维纺织品可保持人体表面小气候温度基本恒定的热效应体现在两个方面：一是吸热降温效应，即当人体温度或周围环境温度升高时，吸收并贮存热量，降低体表温度；另一是放热保温效应，即当周围环境温度降低时，释放热量，减少人体向周围放出热量，以保持正常体温。因此，

蓄热调温纤维尤其适合用于各类自动调温服装，如 T 恤衫、衬衣、连衣裙、内衣裤、睡衣、袜和帽等日常民用服装；手术衣、烧、烫伤病员服、老弱病人服和儿童服等医疗保健服装；滑雪衫、滑雪靴、手套、游泳衣、体操服和极地探险服等运动服；消防服、炼钢服、潜水衣、军服和宇航服等职业服装内衬等。如用于运动服装，当人体在剧烈运动状态时过量的热量被吸收储存，而在休息或静止状态时，热量又被释放回人体，因此可以避免人体出现高温现象，并且可以及时调节人体与外界环境之间的温差，使人体体温处于一种相对的恒定状态，从而在运动时不感到热，停止运动时不感到冷。

蓄热调温纤维还适合用于：膝盖护垫、医疗绷带、头盔内衬等局部保护或医疗用品；被褥、枕芯、床单等床上用品；窗帘、沙发套、靠垫等室内装饰品；车顶、座椅等部位的汽车内织物和野营帐篷等。也可以用作：动植物、精密仪器等的保护材料，使其免受环境温度剧烈变化的影响；自动调温房屋的建筑材料，使其在冬夏均保持适宜的工作温度，以及其他贮热节能和温度调控材料。

蓄热调温纤维的开发应用已获得突破性的进展，其许多制品已先后成为工业化产品进入市场，特别是自动调温服装等产品，有的公司的市场销售额每年以相当高的速度增长，成为令人瞩目的新兴高科技产业。近年国内外已开发许多新型高分子固—固相转变材料，如我国开发出聚乙二醇／纤维素共混物等高分子固—固相转变材料，如果这些高分子材料能够成纤，可作为基材直接加工成纤维，则将进一步拓宽蓄热调温纤维的制造技术和应用领域。可以预料，在世界范围内，蓄热调温纤维材料和技术将作为一个新的产业领域得到迅速的发展。

西方国家正在研制由自动调温的化学纤维制成的军服，这种能够自动调温的军服对周围的温度反应特别敏感，可随温度的变化而变化，使服装内形成一个小气候环境。酷暑季节，调温纤维自行收缩使编织物的孔眼张开而通风透气，大大地提高军服的散热能力；在严寒的冬季，调温纤维又可自行膨胀，使编织物的孔眼闭合而阻止空气流通，从而提高军服的保暖能力。

除以上介绍的智能纤维外，还有诸多已开发的其他智能纤维，如在外力作用下可产生电荷的压电纤维；当温度改变时而产生电荷的热电纤维；受阳光或灯光照射后，可以积蓄光能并在暗处可以发光的蓄光纤维；既不让细菌任意繁衍，也不杀死全部细菌的可控抗菌纤维；在光调节下特定生物活性可可逆"开关"的光控生物活性纤维等。这些新型智能纤维必将在未来大放异彩。

形状记忆纤维 〉〉〉

形状记忆纤维是指纤维第一次成型时，能记忆外界赋予的初始形状，定型后的纤维可以任意发生形变，并在较低的温度下将此形变固定下来（二次成型）或者是在外力的强迫下将此变形固定下来。当给于变形的纤维一加热或水洗等外部刺激条件时，形状记忆纤维可回复原始形状。

形状记忆纤维主要可分为形状记忆合金纤维、形状记忆陶瓷纤维、形状记忆聚合物纤维和智能凝胶纤维等。

形状记忆合金纤维具有形状记忆、超弹性和减震三大功能，广泛应用于温控驱动件、温度开关、机器人、医学、饰品与玩具等方面。在工业上，利用形状记忆合金纤维的一次形状恢复，可用于制造宇宙飞行器，如人造卫星的天线、火灾报警器等；利用其反复形状恢复，可用于温度传感器、调节室内温度的恒温器、温室窗开闭器、热电继电器的控制元

■图与文

用形状记忆纤维制成的丝线可作为手术缝合线。这类材料能以一个松散线团的形式切入伤口，当其被加热到体温时，材料"记忆"起事先设计好的形状和大小，便会收缩拉紧伤口，待伤口愈合好后，材料自行分解。

件、机械手、机器人等。

形状记忆合金纤维可作为能量转换材料，即利用形状记忆合金在高温和低温时发生相变，伴随形状的改变，产生很大的应力，从而实现热能与机械能的相互转换。利用形状记忆合金纤维可制成温控弹簧，它集感知和驱动于一体，不需要分别安装温度感知元件与驱动器，而且可以和偏置的普通弹簧一起实现构件的双程运动，这种结构可用于汽车发动机的冷却系统自动控制装置及温控百叶窗机构等。

目前国内外纺织企业推出的各种形状记忆纤维有高分子材料纤维、镍钛合金纤维等。高分子材料形状记忆纤维，其原理就是运用现代高分子物理学和高分子合成改性技术，对通用高分子材料进行分子组合和改性。如对聚乙烯、聚酯、聚异戊二烯、聚氨酯等高分子材料进行分子组合及分子结构调整，使它们同时具备塑料和橡胶的共性，在常温范围内具有塑料的性质，即硬性、形状稳定恢复性，同时在一定温度（所谓记忆温度）下具有橡胶的特性，主要表现为材料的可变形性和形状恢复性，也就是材料的记忆功能。

镍钛形状记忆合金为镍含量在54%～56%间的金属化合物，它在不同温度下表现为不同的金属结构相。低温时为单斜结构相，高温时为立方体结构相。前者柔软可随意变形，如拉直式屈曲；而后者刚硬，恢复原来的形状，并且在形状恢复过程中产生较大的恢复力。镍钛形状记忆合金在5 000℃高温下可被塑成螺旋状、网格状等各种所需的形状，即记忆形状；被塑形的记忆合金，在0℃～40℃低温时可任意变形；当温度上升至35℃～400℃时，它很快恢复到原来的记忆形状。

英国防护服装研究机构，研制出了一种用于防烫伤的服装，就是应用了形状记忆钛镍合金纤维。首先将形状记忆钛镍合金纤维加工成宝塔式螺

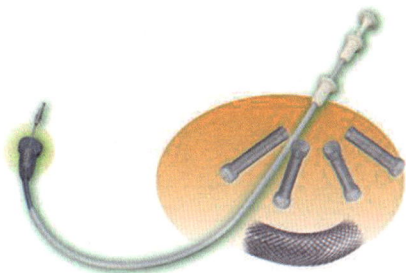

镍钛形状记忆合金支架

旋弹簧状，然后再进一步加工成平面状，最后固定在服装面料内。当这种服装表面接触高温时，形状记忆纤维的形变被触发，纤维迅速由平面状变化成宝塔状，在两层织物内形成很大的空腔，使高温远离人体的皮肤，从而防止烫伤的发生。显而易见，这种服装在消防救火方面有着良好的发展前景。意大利某纺织品公司开发出智能化衬衣，是利用形状记忆钛镍合金纤维与合成纤维锦纶交织的方法。其织物纱线的设计比例为：5根锦纶丝配1根形状记忆钛镍合金丝。当你所处的周围环境温度升高时，这种智能衬衣的袖子会自动卷起。而且这种衬衣还不怕起皱，即使揉成乱糟糟的一团，用电吹风一吹，马上就能复原，甚至于人的体温也可以自动将其"熨平"。

第四章

纤维艺术

纤维艺术起源西方古老的壁毯艺术，在它的发展过程中又融合了世界各国优秀的传统纺织文化，吸纳了现代艺术观念、现代纺织科技的最新成果，因而也有学者称它为既古老又年轻的艺术形式。

纤维艺术属于一项高雅的艺术，在居室空间中，它以纤维的材质、多变的编织效果以及丰富的画面效果，体现出主人的文化品位和高雅的格调。

材料来源

天然材料 〉〉〉

■ 棉纤维

棉纤维是传统的编织材料。棉纤维分为绒棉、木棉、白棉、黄棉和灰棉，其染色能力较强。纤维艺术家可以选择粗细不同的棉线作经线，棉线越细，挂得越密，织出的纹理与造型则越精细平整，反之则易表现较粗犷的肌理效果。粗长绒棉绳及布条经染色后织作的壁毯具有平整、轻盈之感。在现代纤维艺术作品中，棉布、棉线单独或与其他纤维混合被大量运用于作品的创作，充分显示出其特殊的材质美。

■ 纸纤维

纸纤维属于植物纤维的一种，它来自于植物纤维，它是从树木、芦苇、麻棉等植物中提炼并加工成的纸浆、纸张、纸绳等。纸不仅被广泛地应用在人们生活的各个方面，而且也是现代纤维艺术家新的表现媒材。无论是将液体形态的纸浆原料转化成固体形态的纸纤维造型，还是把现成品纸张改变成可视、可触的艺术形象，都反映着纸纤维材料的特殊魅力。纸的种类也很多：皱纹纸、宣纸、牛皮纸、报纸、特种纸等，不同种类纸的质感各不相同，借助其特性运用于纤维艺术作品的表现，会给人们的感官带来

宣 纸

不同的感受。纸纤维具有较强的可塑性，无论采用平面制作的方法，还是追求立体的视觉效果，纸纤维的制作过程都能让学生体会到艺术创作的材料没有贵贱之分、新旧之分，只要有好的创意，就能够将废旧材料"化腐朽为神奇"。利用废旧纸张（如报纸、杂志、画报、挂历、书本及各种包装纸）制作纤维艺术作品，其材料成本是最低的，能够让学生在减轻经济负担的同时充分发挥想像力。

■ 毛纤维

动物毛纤维是现代纤维艺术最常用的材料之一。动物毛纤维细软而富有弹性，强韧耐磨，并具缩绒特性，是理想的编织原料。用于纤维编织的动物毛主要是绵羊毛，其次是山羊毛。绵羊毛和山羊毛的纤维呈波浪形卷曲，经梳纺捻纱后更易于染色与织作。羊毛织物天然毛色淳朴大方，染色的羊毛纤维织物具有温暖、厚重的特性，富有很强的亲和力。此外，毛纤维还包括驼毛、牛毛、马毛、兔毛等。羊毛经拣毛、洗毛、弹毛、纺毛等工序而成为毛线，其颜色分为白色与天然色。白色羊毛的染色与固色性能良好，使用酸性染料进行媒染或高温煮染，色彩丰富而柔和，经久不退。另外，羊毛本身所具有的天然色很多：棕色、棕黄、淡褐、褐黄、紫、紫黑、灰色、黑色等。

■ 麻纤维

植物纤维材料也是现代纤维艺术常用的材料，而且被采用的趋势愈来愈扩大化，在植物类纤维材料中，麻纤维是最多被使用的。

麻类纤维一般强度很高，拉力极强，对细菌和腐蚀的抵抗性能很高，抗弯刚度强，伸长率较小，黏着力小，不易腐烂，具有吸湿、快干和挺爽等特性。其中，韧性、强度高是受到纤维艺术青睐的特质。麻纤维是从各种麻类植物取得的纤维，包括一年生或多年生草本双子叶植物皮层的韧皮纤维和单子叶植物的叶纤维。韧皮纤维主要有苎麻、亚麻、黄麻、洋麻、剑麻、罗布麻等。其中苎麻、亚麻、罗布麻等细胞壁非木质化，纤维的粗细长短同棉相近，可作纺织原料，织成各种凉爽的亚麻布、夏布，也可与棉、毛、丝或化学纤维混纺；黄麻、洋麻等韧皮纤维细胞壁非木质化，纤维短，只适宜纺制绳索和包装用麻袋等。麻类纤维还可制取化工、药物和造纸的原料。

丝纤维

丝纤维分桑蚕丝、柞蚕丝和绢丝3种类型。桑蚕丝大都是白色，光泽良好、手感柔软；柞蚕丝一般呈淡褐色，弹性好、光感强；绢丝是经绢纺工艺特殊加工而成的真丝产品，具有光泽润美、质地细柔的特性。除蜘蛛丝只能天然成形不可染色外，其他丝纤细而柔软、平滑而富有弹性，染色能力强。做工精湛的丝织壁挂给人以富贵、华丽、优美之感。

图与文

柞蚕丝纺织制品刚性强，耐酸碱性强，色泽天然，纤维粗，保暖性好，是蚕丝被、蚕丝毯的首选。

化学材料 〉〉〉

涤纶

涤纶属于化学纤维，是一类聚酯纤维，它具有多种优质性能，易洗快干，回弹性好，织物具有抗皱性，耐热性高等特点。涤纶具有优良的定型性能，涤纶纱线或织物经过定型后生成的平挺、蓬松状态或褶皱等经多次洗涤仍经久不变。用聚酯薄膜通过镀铝、加颜色涂料等工艺而制成的涤纶金银线，其颜色丰富，如双色金银线、五彩金银线、彩虹线、荧光线等。

锦纶

锦纶是化学纤维的一种，属聚酰胺纤维，其化学结构和性能与蚕丝相似，纤维强度是合成纤维中最高的，拉力大，耐磨性最好。国外有尼龙、耐纶、贝纶、卡普隆之称。锦纶吸湿性较好，染色性能好，可用分散性染料、

酸性染料及其他染料染色。但其
耐碱不耐酸,耐热性和耐光性差,
遇热会发生收缩,日光下长时间
暴晒会变黄和发脆,因此应注意
应用的场合。

丙纶绳索

■ 丙 纶

丙纶属聚丙烯纤维,其机械
性能优良,强度、弹性、耐磨性
等均接近于涤纶。它具有良好的
阻燃性和绝缘性能,耐酸碱性、
耐化学试剂性能都好于其他合成纤维。丙纶扁丝可代替麻类纤维用于包装
材料、绳索等,因此在市场上人们很容易看到各种各样的丙纶绳索。

■ 腈 纶

腈纶属聚丙烯腈纤维,国外称其为奥纶。腈纶以短纤维为主,纤维蓬
松有卷曲,类似羊毛,有"合成羊毛"之称,又俗称人造毛。它具有绝热性能,
不易老化,手感柔软,保暖性好,色彩丰富艳丽,与羊毛混用可以起到画
龙点睛之功效,在壁毯编织中被大量运用。

■ 氨 纶

氨纶属聚氨酯(或醚)弹性纤维。氨纶耐光性、耐磨性及耐酸碱性能
均优良,且耐老化、染色性能良好。很多艺术家利用氨纶的巨大弹性来进
行空间造型设计,如氨纶布的运用,通过不同角度的拉伸与剪裁使其游走
于空中,造型多变、线条简洁,为许多大型建筑空间营造了特殊的艺术氛围。

■ 金银线

金银线由铝、金、箔黏附在薄膜上而成,具有富丽堂皇的特点。在纤
维艺术创作中多用于点缀或勾描细部。

■ 有机胶片

有机胶片属于化学合成纤维,具有透光性强,可在其表面喷印、感光,
在纤维艺术创作中可三维悬挂展示。

■图与文

金银线由黄金、白银为主要原料制成，具有闪烁的金银光泽。传统金银线分为扁金线和圆金线两种。将金箔黏合在纸上切成0.5毫米左右的细条状即成扁金线，然后将扁金线包缠在棉纱或丝线外即成圆金线。

绝大多数化学纤维都具有耐热、阻燃、绝缘、防腐、隔音、保温、去污等方面的性能，而且其中大多有柔润光滑的表面和明艳的色彩。如果人们能够突破使用天然纤维的传统材质观念，充分利用各种人工化学合成纤维并发挥其特性，现代纤维艺术的创作一定会更加灵活，其创作者丰富的创作意图一定会得到很好的表达。

工艺技法

编结技法 〉〉〉

编结技法是既编又结的技法，可编结平面或立体造型。编法有加编法、盘制法、排压法、缠绕法、绞编法、收边法等。古代结绳记事创造了传统技法——结，通过线的穿绕形成线之间的错落结构。结法有基本结、多样结、吉祥结和钩针结等。

编法如下：

■ 加编法

将编织物的单股或多股在编织过程中根据构图需要加长、加

钩针结

粗、加厚的延续编织法。运用此编织法不需将编织物重新制作。

■ 盘制法

将纤维材料进行圆或曲线盘绕、重叠、交叉再进行贴堆。

■ 排压法

垂直或斜向经纬交叉、互相排压编织而成。

■ 缠绕法

用一种纤维材料缠、绕、穿、包裹另一种纤维材料。

■ 绞编法

将多股绳为一组作横向编织的纬线，与经线交叉编织，编时多股向经线挑压，再将多股纬线相绞，圆形多用此编法。

■ 收边法

使编织物边口加固的技法，一般为折转、挑压或塞头，俗称锁边。

结法如下：

基本结

基本结可分云雀结、平结、双半套结、单半套结、流苏、卷结等。

多样结

多样结是几种以上的基本结重复构成变化而来的。

吉祥结

运用多重编结法来表现中国传统纳福迎祥之物的结。形式对称，风格严谨，多为圆形，技法采用编、抽、修、缝等。如藻井结、十字结、中国结、团锦结、如意结以及鲤鱼结、龙凤结等结法。吉祥结分单线、多线编结法，也可与其他材料进行混编。

编织技法 〉〉〉

编织技法是用纤维材料作纬线，在经线上缠绕或编织，形成块面。纬线可在单根或多根经线上缠绕编织，多种编织方法可形成不同的肌理，如斜纹、珠纹、品字纹、人字纹、裂裟纹等。

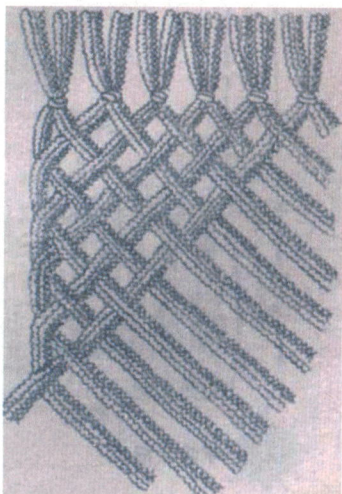

毛巾编织

■ 品字纹编织法

品字纹编织法是将两根纬线间隔经线缠绕盘结，第二层缠绕平分错开，上下 3 个缠结组成为品字形。品字纹缠绕的经数为双数，最多不超过 8 根。

■ 人字纹编织法

纬线在经线上、下两层相反的斜纹错一根经线缠绕，形成人字形。人字纹可单根纬线单根经线编织，也可多纬多经编织。

■ 斜纹编织法

斜纹是倾斜排列，可左、右斜排。缠绕的方法是前面挑四根经线，后绕两根经线，行与行之间错落排列。斜纹的长度可大可小，但绕经线的数目为双数，便于均分。

■ 珠纹编织法

用纬线缠绕单根经线，形成点排列，后面跳两根经线，绕前面一根经线，就有算盘珠的纹理，并自上而下排列成竖条点状的纹理。可在单根缠绕的基础上，将单根变为双根。还可加强珠形的立体化，在每一排珠纹之间夹编一根细纬线。

栽绒技法 〉〉〉

由经线与纬线交织成平纹组织，在经线上拴结不同长度的绒线，绒线的簇拥形成绒面，因每个绒头的拴结栽植在平纹组织上，故称之为栽绒。栽绒可分手工、枪刺。手工有正"8"字扣结、倒"8"字扣结、马蹄扣结。枪刺分为破头、圈绒。

■ 枪刺编结法

枪刺栽绒用手动或电动的针刺机，将绒线刺扎在底衬上，在底衬的背

面形成 U 字形栽绒。枪刺栽绒没有编结，必须由胶来粘接，又称之为胶背壁挂。枪刺栽绒根据织物的性质分为破头和圈绒。枪刺栽绒用料省，成本低，操作便捷，速度快。

■ 马蹄扣编结法

马蹄扣编结法分单经、双经和四经马蹄扣。是分别间隔 1 根、2 根和 4 根经线上打马蹄形的结。

■ 正"8"字扣、倒"8"字扣编结法

绒结如正"8"字和倒"8"字，交叉前后两组经线，绒结在后经线上结绕，形成正、倒"8"字，将另一组经线提到前面打粗纬线，还原后再打细纬线。正"8"字扣的绒结绕在后经线上，而倒"8"字扣的绒结绕在前经线上，受经线间距的限制，栽绒线根数少于同道数的正"8"字扣的栽绒线。

纤维工艺品

缂丝 〉〉〉

缂丝又称"刻丝"，是我国最传统的一种挑经显纬的欣赏装饰性丝织品。宋元以来一直是皇家御用织物之一，常用以织造帝后服饰和摹缂名人书画。有"一寸缂丝一寸金"和"织中之圣"

图与文

北宋时宜州（今河北定县）的缂丝最为驰名。随着政治、经济、文化中心的南移，缂丝技艺开始在松江、苏州一带流传，除宫廷有御用缂丝艺人之外，苏州缂丝已经形成了特有的风格。

的盛名。

缂丝有独特的工艺特点。它是以生丝为经线，用彩色熟线作纬，纬线成曲纬状，采取通经断纬的织造技法，在图案和素底结合处，呈现一处小裂痕，又因使用抢色技法，用各种颜色的丝线补上，在二色衔接处形成线槽，产生了浮雕效果，好像是刻出的图画。整个工艺为落经（线）、牵经、套筘、弯结、嵌后抽经、拖经、嵌前抽经、捎经面、挑交、打翻头、拉经面、墨笔画样、织纬、修剪毛头，达到正反一致。

缂丝工具简单，只有木机和梭子、拔子及竹筘，但织造方法相当复杂。凡花纹处都要局部挖织，色线多少就需多少梭子。要想缂制一件好作品，除图案复杂，色彩丰富之外，还有技法变化繁多，换梭频繁，这样才能达到预期的效果。

机 绣 〉〉〉

机绣即用机器绣制的刺绣。在我国，主要是以缝纫机绣制，也采用梭式自动刺绣机和多头式电子刺绣机绣制。在欧美及日本等国家，机绣主要是以自动刺绣机绣制。

机绣工艺在现代纤维艺术创作中多用以缝合、拼接处理花边及背部，或用于较大规模地生产工艺品。

刺 绣 〉〉〉

刺绣是针线在织物上绣制的各种装饰图案的总称，就是用针将丝线或其他纤维、纱线以一定图案和色彩在绣料上穿刺，以缝迹构成花纹的装饰织物。刺绣是我国民间传统手工艺之一，在我国至少有两三千年历史。我国刺绣主要有苏绣、湘绣、蜀绣和粤绣四大门类。刺绣的技法有：错针绣、乱针绣、网绣、满地绣、锁丝、纳丝、纳锦、平金、影金、盘金、铺绒、刮绒、戳纱、洒线、挑花等等，刺绣的用途主要包括生活和艺术装饰，如服装、

床上用品、台布、舞台、艺术品装饰。

■ 苏 绣

苏绣的发源地在苏州吴县一带，如今已经遍布很多地区。清代是苏绣的全盛时期。苏绣具有图案秀丽、构思巧妙、绣工细致、针法活泼、色彩清雅的独特风格，地方特色浓郁。苏绣技法多样，常用套针、枪针、打子、拉梭子、盘金、网绣、纱绣等，绣艺精湛，具有平、光、齐、匀、和、顺、细、密等特点，特别是乱针绣、双面绣名扬海内外。大多以套针为主，绣线套接不露针迹。常用三四种不同的同类色线或邻近色相配，套绣出晕染自如的色彩效果。同时，在表现物象时善留"水路"，即在物象的深浅变化中，空留一线，使之层次分明，花样轮廓齐整。

■ 湘 绣

湘绣是以湖南长沙为中心的带有鲜明湘楚文化特色的湖南刺绣产品的总称，是一种具有湘楚文化特色的民间工艺。湘绣是在荆楚织绣的基础上，吸收了苏绣的细腻表现手法而发展起来。在技法工艺上，湘绣以参针最具特色，俗称"乱插针"，还有齐针、花针、游针、钩针、刻针等技法，能够绣出神形，

湘 绣

以至于嗅觉之灵气。湘绣主要以纯丝、硬缎、软缎、透明纱和各种颜色的丝线、绒线绣制而成。其特点是：构图严谨，色彩鲜明，各种针法富于表现力，通过丰富的色线和千变万化的针法，使绣出的人物、动物、山水、花鸟等具有特殊的艺术效果。在湘绣中，无论平绣、织绣、网绣、结绣、打子绣、剪绒绣、立体绣、双面绣、乱针绣等等，都注重刻画物象的外形和内质。

■ 粤　绣

粤绣是以广东省广州市为生产中心的手工丝线刺绣的总称，最初创始于少数民族——黎族，先前绣工大多是广州、潮州男子，明朝中后期形成特色。其特点根据造型的需要选择色彩繁多的绣线，绣线蓬松，针脚参差，针纹重叠，辅以金线盘绕覆盖，绣品雍容华贵，光彩夺目。

在织工技艺上，粤绣构图繁密热闹，色彩富丽夺目，施针简约，绣线较粗且松，针脚长短参差，针纹重叠微凸。常以凤凰、牡丹、松鹤、猿、鹿以及鸡、鹅为题材。粤绣的另一类名品是用织金缎或钉金衬地，也就是著名的钉金绣，尤其是加衬高浮垫的金绒绣，更是金碧辉煌，气魄浑厚，多用作戏衣、舞台陈设品和寺院庙宇的陈设绣品，宜于渲染热烈欢庆的气氛。

■ 蜀　绣

蜀绣又称"川绣"，是以四川成都为中心的刺绣品的总称。产于四川成都，绵阳等地。蜀绣以软缎和彩丝为主要原料，针法包括12大类共122种：用晕针、铺针、滚针、截针、掺针、盖针、切针、拉针、沙针、汕针等，讲究"针脚整齐，线片光亮，紧密柔和，车拧到家"。充分发挥了手绣的特长，形成了具有浓厚的地方风格。蜀绣题材多为花鸟、走兽、山水、虫鱼、人物，品种除纯欣赏品绣屏以外，还有被面、枕套、衣、鞋、靠垫、桌布、头巾、手帕、画屏等。既有巨幅条屏，又有袖珍小件，是观赏性与实用性兼备的精美艺术品。

蜀绣的历史十分久远，据晋代常璩《华阳国志》中记载，当时蜀中的刺绣已十分

■ 图与文

蜀绣取材多数是花鸟虫鱼、民间吉语和传统纹饰等，颇具喜庆色彩，绣制在被面、枕套、衣、鞋及画屏。既有巨幅条屏，又有袖珍小件，是观赏性与实用性兼备的精美艺术品。

闻名，并把蜀绣与蜀锦并列，视为蜀地名产。蜀绣的纯观赏品相对较少，以日用品居多，取材多数是花鸟虫鱼、民间吉语和传统纹饰等，颇具喜庆色彩，绣制在被面、枕套、衣、鞋及画屏。清中后期，蜀绣在当地传统刺绣技法的基础上吸取了顾绣和苏绣的长处，一跃成为全国重要的商品绣之一。

缬 缋 　〉〉〉

　　缬是印花织物的通称。最早印花织物是湖南长沙战国楚墓出土的印花绸被面。长沙马王堆和甘肃武威磨嘴子西汉墓中，都发现有印花的丝织品。缬有绞缬、蜡缬和夹缬。

　　绞缬，即扎染，是我国古代防染技法之一。将布帛按规格折褶成菱形、方形、条纹等各种形状，用线、绳缝、结扎，然后用染液浸染，晾干后拆去线结，缚结之处就呈现出着色不充分的有规则的图案，花纹疏大的叫鹿胎缬或玛瑙缬，细密的叫鱼子缬或龙子缬。这种防染法最适宜染制点花和条格纹，也能染出复杂的几何纹及十字花形、蝴蝶形、海棠花形等，还可用套染的办法染制五彩花纹。

　　蜡缬，即蜡染，属防染法。用白、黄蜡及松香按一定比例加热熔化，以蜡刀或毛笔在布帛上绘制图案，再浸染、搅动，蜡花开裂，染液顺着裂缝渗透，出现了自然裂纹。再加温漂洗即成。蜡缬是中国古老的印染技艺，把蜡染和刺绣结合起来，可构成形式多样的蜡染工艺品。

　　夹缬，是防染印花法。它是用两块对称的镂花夹版将织物夹紧再施色，染后花纹对称。日本正仓院迄今还保存着我国唐代的"花树对鹿""花树对鸟"夹缬屏风。

　　画缋就是古人在纺织品上描绘或刺绣花纹的技艺。奴隶社会和封建社会天子、百官公卿的礼服、旗仗、帷幔、巾布等，都要按照礼制绘绣各种图案花纹。用五色即黑、白、青、赤、黄描绘图案或刺绣图案，画缋是印染的前身。

染缬 >>>

　　染缬是古代丝绸印染工艺的总称。远古时期人们就用矿物、植物染料对纤维品进行染色，并在实践中，掌握了多种染料的提取、染色等工艺技法，创造出七彩斑斓的纤维品。这些纤维品，不仅是生活品，也是享誉世界富有民族风格的艺术品。

　　染缬可分为手工染缬和型版染缬两大类别，又可细分为手工描绘和凸版与镂空版进行压印和拓印工艺。蜡染印染工艺是通过物理、化学方法对纺织品进行染色和印花的传统工艺。我国传统染色最早可以上溯到旧石器时代的元谋人、蓝田人、北京人和山顶洞人。在远古，先民们已经发明了原始的染色技术，他们把穿了孔的贝壳、石珠等，连接起来并用赤铁矿研磨成红色制作装饰品，这是染色技艺的萌芽状态。六七千年前的河姆渡文化和仰韶文化，创造了器型优美的彩陶文化，编织了竹席、草席，也织造了鲜艳的红色麻布、丝帛。在新石器时代，青海柴达木盆地诺木洪地区的原始部落，不仅能把羊毛漂染，织成毛布，而且能把毛线染成红色、褐色或蓝色。他们还能织出带有彩色条纹的毛织品。古代的染色原料，除矿物质颜料如丹砂、粉锡、铅丹、大青、宝青、赭石等等之外，还有植物染料茜草、红花、紫草、绿草、黄栀等。至唐代，印染技术已经很成熟。中唐以后穿用染缬品成为社会风尚。在唐代传世的绘画作品如周昉《簪花仕花图》、张萱《捣练图》以及一些唐三彩俑和敦煌唐代壁画中，都可见到染缬品的

■图与文

　　夹缬是指用两块对称花纹的夹板夹住织物，利用阳纹处夹压防染的一种印花染色工艺。夹缬在辽宋时期依然兴盛，但到明清时期已经越来越少见了，到近代几乎绝迹。

广泛应用。元代《碎金》一书，记载了9种染缬名目，即檀缬、蜀缬、撮缬、锦缬、茧儿缬、浆水缬、三套缬、哲缬、鹿胎斑。此外还有鱼儿缬、玛瑙缬、团窠缬。

织 锦 >>>

　　织锦是用染好颜色的彩色经纬线，经提花、织造工艺织出图案的织物。我国丝织提花技术起源久远。早在殷商时代就已有丝织物。周代丝织物中出现织锦，花纹五色灿烂，技艺臻于成熟。汉代设有织室、锦署，专门织造织锦，供宫廷享用。唐代在织造工艺上由经锦改进为纬锦，并出现彩色经纬线由浅入深或由深入浅的退晕手法。北宋宫廷在汴京等地建立规模庞大的织造工场，生产各种绫锦。织锦图案精致、色彩绚丽、质地厚实、柔软光滑。

　　在我国纺织历史上形成了成就最高的三大名锦，它们是四川的蜀锦、苏州的宋锦和南京的云锦，它们是"东方瑰宝，中华一绝"，是我国珍贵的传统文化遗产。

■ 蜀 锦

　　蜀锦是指四川省成都市所出产的锦类丝织品，蜀锦大多以经向彩条为基础起彩，并彩条添花，其图案繁华、织纹精细，配色典雅，独具一格，是一种具有民族特色和地方风格的多彩织锦。

　　蜀锦以织物质地厚重，织纹精细匀实，

■ 图与文

　　唐代是蜀锦生产鼎盛时期，这时的生产水平和织造技艺，达到了新的高度，并以写实、生动的花鸟图案作为主要的装饰题材和装饰图案，形成绚丽生动的时代风格。诗人郑谷曾赞唐蜀锦上的花鸟、云雁生动活泼如"春水灌来云雁活"。

149

图案取材广泛，纹样古雅，色彩绚烂，浓淡配合，对比强烈，极具地方特色著称。史载蜀地产锦是在战国以前，秦汉以来日臻兴盛。其时成都也因它织锦最盛，质量最佳而被称为"锦城"和"锦官城"。唐代是蜀锦生产鼎盛时期，这时的生产水平和织造技艺，达到了新的高度，并以写实、生动的花鸟图案作为主要的装饰题材和装饰图案，形成绚丽生动的时代风格。在唐代，蜀锦还通过"丝绸之路"进行东西方政治、经济、科技和文化的交流，成为我国沟通世界的桥梁与纽带。

宋 锦

宋锦是产于苏州、杭州等江南地区的一种质地较薄组织细密的织物。宋锦色泽华丽，图案精致，质地坚柔。唐代时苏州就产蚕丝绯绫。五代时已产五彩灿烂的织锦。元代时有些衰败，明代，又有所恢复，至清康熙年间，苏州机坊向秦兴季氏购得宋裱《淳化阁贴》十帙。上有所裱宋锦20余种，使苏州古锦恢复生产。

宋锦大多用于装裱书画和包装经卷之用，也有用于华丽服装的用料。由于其花纹图案主要继承唐和唐以前的传统纹样，故又被称为"仿古宋锦"。相传北宋年间，为了满足宫廷服装和书画经卷装饰的需要开始生产，南宋末期已有紫鸾鹊锦、青楼台锦、衲锦等40多个品种。明清时以苏州生产最盛，质量最佳，所产灯笼锦、八答晕锦、落花流水锦闻名全国。

宋锦采用经二重、3枚斜纹组织，两种经纱（面经用本色生

宋 锦

丝、底经用有色熟丝）、3 种色纬（纹与地兼用的色纬和两种专用纹纬）织成。宋锦色彩丰富，层次分明，不用强烈的对比色，而以几种明暗层次相近的颜色作渲晕，如它的地纹色大都运用米黄、蓝灰、泥金、湖色等；较大的花纹用庄严而稳重的常用色调；主花的花蕊或图案的特征用比较温和而鲜艳的特用色彩；花朵的包边或分隔两类色彩的小花纹则用协调而中和的间色。各种颜色的巧妙配合，形成宋锦庄严美观，晕渲相宜，繁而不乱，典雅和谐，古色古香的风格。

宋锦的实用性非常强，它质地柔软坚固、图案精美绝伦、耐磨且可以反复洗涤适用面非常广泛，被赋予中国"锦绣之冠"。可具体分为大锦、小锦、彩带等数种。

■ 云 锦

云锦因其绚丽多姿，美如天上云霞而得名，云锦因其丰富的文化和科技内涵，被专家称作是中国古代织锦工艺史上最后一座里程碑，公认为"东方瑰宝""中华一绝"。云锦原产地是南京，是在蜀锦和宋锦的基础之上发展起来的，明代时形成自己的独特风格。

南京云锦自宋代由彩锦演变而来，到了元代，蒙古人入主中原，统治者喜欢用真金装点官服，加之当时国力扩张，黄金开采量增大，使以织金夹银为主要特征的云锦脱颖而出，后来居上，成为最珍贵、工艺水平最高的丝织品种。此后，元、明、清三朝都指定云锦为皇室御用贡品。历代统治者相继

南京云锦

在南京设立官办织造局，专门管理云锦的生产并垄断了销售。云锦是当时南京最大的手工产业，在我国历史上具有一定的地位和社会影响。

云锦织制时，彩丝中多加金、银线和用挖花显花是云锦的特色，金、银线使云锦织品比之其他锦更加富丽堂皇；挖花显花又使同一纬向花纹的颜色比之一般锦多出许多，织品花纹色彩更加丰富。除此以外，云锦图案上也有许多独到之处，单以作为陪衬的云纹造型来说就有七巧云、四合云、行云、片云、团云、如意云、和合云、朵云、流云等多种。这些模仿自然界奇妙云势变化的云纹，配上作为主体的龙、凤、仙鹤、牡丹、莲花等表示尊贵或祥瑞的禽兽花卉，使整个图案充满了生气。云锦有妆花、库锦、库缎三大类典型产品。

妆花是云锦中最具代表性的品种，产品以织物的质地组织命名，如妆花缎、妆花罗、妆花绢等。其织造工艺是在缎地上或其他地上以挖花的方法，用各色丝织出花纹，并以圆金线、扁金线勾边或金、银线装饰花纹。其用色浓艳反差大，配色最少四色，多至十几色，一般用六色至九色。其图案布局严谨庄重，纹样造型简练概括。

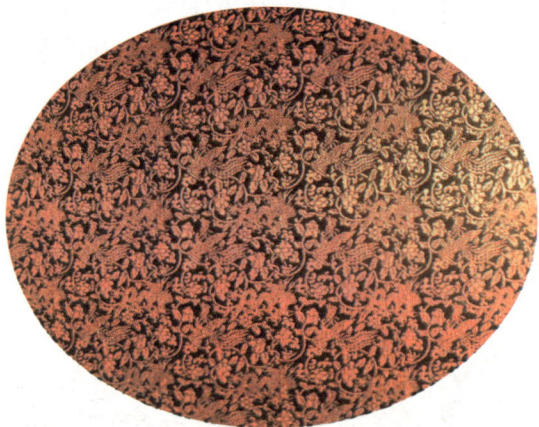

库 锦

库锦又称"织金"，是缎地上用金线或银线织出各色花纹的织锦。库锦中又分"二色金库锦"和"彩花库锦"两种。前者是金银线并用，后者除用金银线外还夹以 2 ~ 3 种色丝并织。

库缎是在缎地上由经纬丝起花，形成明暗花纹，局部织以经线的织锦，有本色花库缎、地花两色库缎、妆金库缎、金银点库缎等名贵品种。古代云锦传世织品较多，最著名的是明定陵出土的妆花龙袍。这件龙袍整体图

案布局庄严，层次分明，气势磅礴，花纹是用真金线包边，龙身用孔雀羽捻线织出鳞纹，织物表面光泽效果类似于萤光。

抽　纱　>>>

抽纱又称"花边"。欧洲的抽纱相传起源于意大利、法国和葡萄牙等国，是在中古世纪民间刺绣的基础上发抽纱展起来的。抽纱工艺技法繁多，针法多变。主要有十字绣、贴布、抽丝、挖旁布及钩针通花等，其中钩针通花最具特色，钢针上下翻转钩绕各色纱线而织成花边。它的民俗特征有生活用品、馈赠礼品、岁时风物、定情信物。绣品造型质朴，特征鲜明，构图饱满，对比强烈。

在纤维材料上抽纱运用编、结、抽丝、扣锁、雕镂等方法，配合刺绣等工艺技法制成的工艺品，大体分为绣花、补花、编结和混合4类。而以绣花和编结流行最广，最具特色，纹样图案多以纳福迎祥为题材，图案丰满，层次丰富，工艺精美。

■图与文

葡萄牙马地拉发展了棉麻布原料的抽纱，是用细纱编结，或用亚麻布或棉布等材料，根据图案设计将花纹部分的经线或纬线抽去，然后加以连缀而制成各种台布、窗帘、盘垫等日用品。